室内设计师必知的
100条原则

[美国] 克里斯·格莱姆雷
[美国] 凯利·哈里斯·史密斯 著
潘珊珊 译

江苏凤凰科学技术出版社 · 南京

江苏省版权局著作权合同登记 图字：10-2023-47

图书在版编目（CIP）数据

室内设计师必知的100条原则 /（美）克里斯·格莱姆雷，（美）凯利·哈里斯·史密斯著；潘姗姗译. — 南京：江苏凤凰科学技术出版社，2023.6
ISBN 978-7-5713-3519-9

Ⅰ. ①室… Ⅱ. ①克… ②凯… ③潘… Ⅲ. ①室内装饰设计 Ⅳ. ①TU238.2

中国国家版本馆CIP数据核字(2023)第071166号

室内设计师必知的100条原则

著　　者　[美国]克里斯·格莱姆雷　[美国]凯利·哈里斯·史密斯
译　　者　潘珊珊
项目策划　凤凰空间/徐　磊　褚雅玲
责任编辑　赵　研　刘屹立
特约编辑　褚雅玲

出版发行　江苏凤凰科学技术出版社
出版社地址　南京市湖南路1号A楼，邮编：210009
出版社网址　http://www.pspress.cn
总　经　销　天津凤凰空间文化传媒有限公司
总经销网址　http://www.ifengspace.cn
印　　刷　凸版艺彩（东莞）印刷有限公司

开　　本　787毫米×1092毫米　1/16
印　　张　13
字　　数　120 000
版　　次　2023年6月第1版
印　　次　2023年6月第1次印刷

标准书号　ISBN 978-7-5713-3519-9
定　　价　99.80元

图书如有印装质量问题，可随时向销售部调换（电话：022-87893668）。

序言

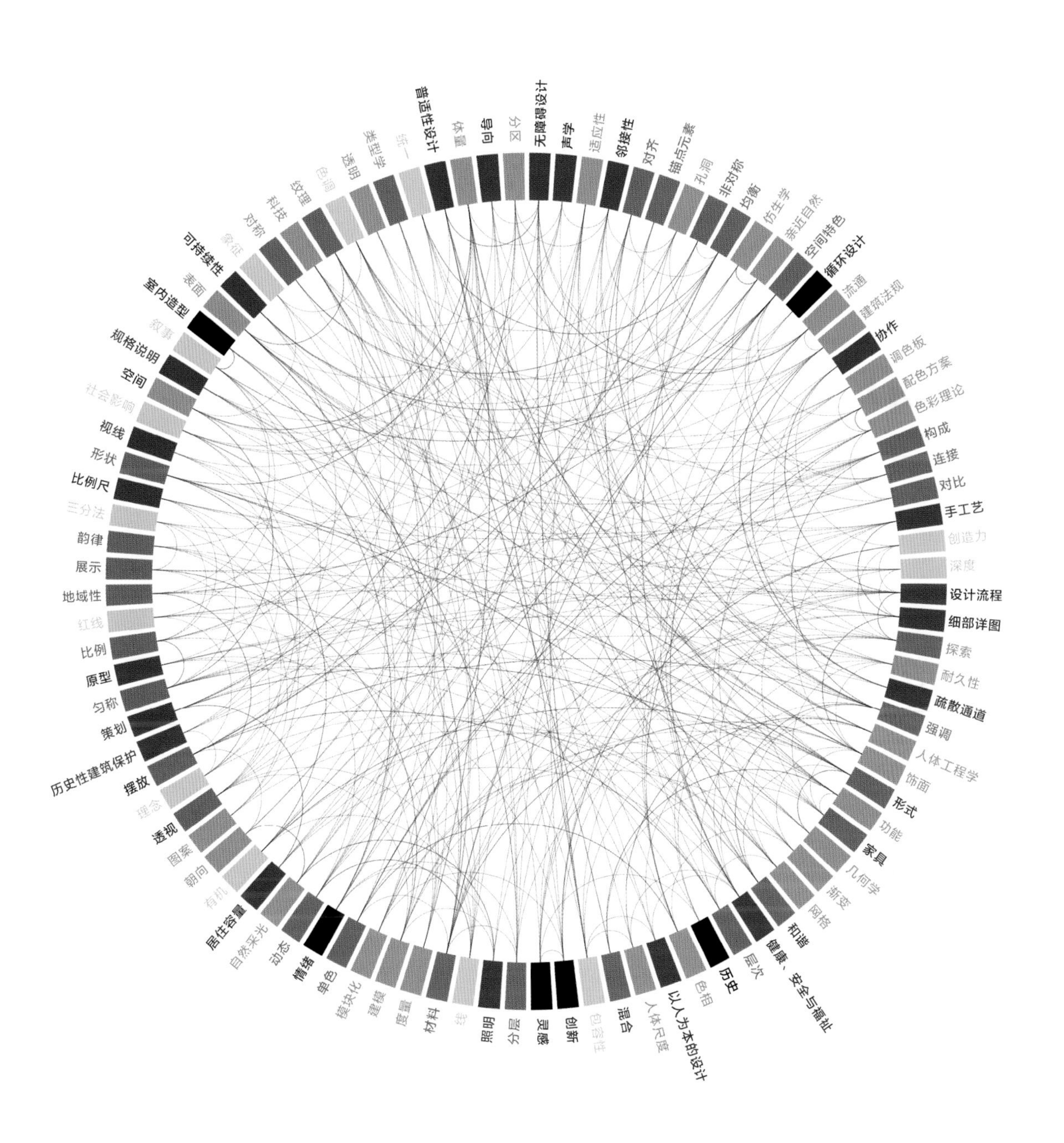

无障碍设计
声学
适应性
邻接性
对齐
锚点元素
孔洞
非对称
均衡
仿生学
亲近自然
空间特色
循环设计
流通
建筑法规
协作
调色板
配色方案
色彩理论
构成
连接
对比
手工艺
创造力
深度
设计流程
细部详图
探索
耐久性
疏散通道
强调
人体工程学
饰面
形式
功能
家具
几何学
渐变
网格
和谐
健康、安全与福祉
层次
历史
色相
以人为本的设计
人体尺度
混合
包容性
创新
灵感
分层
照明
线
材料
度量
建模
模块化
单色
情绪
动态
自然采光
居住容量
有机
朝向
图案
透视
理念
摆放
历史性建筑保护
策划
匀称
原型
比例
红线
地域性
展示
韵律
三分法
比例尺
形状
视线
社会影响
空间
规格说明
叙事
室内造型
表面
可持续性
象征
对称
科技
纹理
色调
透明
类型学
统一
普适性设计
体量
导向
分区

室内设计是一门内容繁多、涉及广泛的创造性学科。室内设计师需要掌握各式各样的技能——大到空间规划，小到木工细作。室内设计师不仅要通晓家具知识、精通室内装潢，还要擅长造型设计、挑选艺术品，以及拍摄项目竣工照片。室内设计师从事的项目类型众多，可能是无所不包的综合性项目，也可能是专注于某一类别的独立项目。对于各种空间类型——住宅和公寓、零售店和酒店、商业空间和共享办公空间、教育空间（从早教到大学）、艺术和表演空间、医疗保健空间和医院，以及辅助生活设施等来说，室内设计师可以通过与其他设计和工程专业人员的合作来设计并增强专业知识。

本书介绍了室内设计的 100 条基本原则，并配以图片，解释每条原则在实际设计中的应用。

本书提到的 100 条原则对于室内设计专业具有重要意义。这些原则是重要的基础知识，不论是专业的室内设计师还是注册执业人员，抑或业余爱好者、学生，都应当了解并掌握。本书涵盖了专业设计师的关键意图、主客观认识和需求，但并未悉数列出专业设计师需要了解的全部知识，目的是希望通过本书所述的基本概念，激发读者的求知欲，引导其在现有的知识水平上不断探索。

鉴于室内设计专业在实践中的复杂性，我们有必要从多角度了解这些原则之间的联系。为此，我们在每条原则的页面都设置了“参见”提示框，用以展示各原则之间的交叉重叠和内在联系，同时也从更高层面阐述每条原则，从而彰显室内设计师工作的重要性。

意图：这些原则侧重于表达室内设计师如何运用设计理念，以及设计工作将带来怎样的社会影响，具体包括文化特性和象征意义、我们对空间如何反应、如何在空间里使用功能和居住，以及通过“包容性设计”和“以人为本的设计”构建人体在空间里的有利条件。

客观性：通过这些原则审视室内设计专业的研究与发展，关注与此有关的一系列学科，包括研究人体与空间物体的联系、人对颜色的反应和感知、触觉对材料和纹理的反应，以及自然光和人造光是如何影响我们的建筑环境的。另外包括一些分支学科的专业工作，如可持续性、适应性、耐久性和历史性建筑保护等问题。

主观性：这些原则含有一些必不可少但难以捉摸的元素，即介于创作意图和科学技术之间的原则。和谐、均衡、对称等概念具有高度主观性，在室内设计领域备受争议。这些原则涉及风格、品位、审美等莫衷一是的问题，关系到材料、家具和灯具的“正确”选择，总能引发热烈的讨论。这些观点常因变化莫测的流行趋势而愈显复杂，但我们仍可以从过往历史中得到一些借鉴。

专业：这些原则更具技术性，而且往往关系到责任，因为其涉及生命安全、协作、标准、规范、许可等专业领域。

灵感：作为设计师，如何保持好奇心？如何才能与时俱进，精进不休？又从何处、向何人寻得创意的火花？这些原则涉及实际应用中对设计师有用的媒介和概念。对许多人来说，报纸杂志、媒体渠道和专业网站，能给予他们源源不断的灵感。建立一个时见时新的灵感宝库，是专业设计师安身立命的关键所在。

本书适用于室内设计专业的学生、从业者和教师，以及其他想要拓展和提升室内设计专业知识的人。希望本书能激励您在这个创造性的领域不断探索进取、开阔眼界，在设计实践中取得满意成果。无论您的专业水平如何，希望这本书能在您的书架上找到一席之地，并不断激发大家的好奇心和灵感。

克里斯 · 格莱姆雷 / 凯利 · 哈里斯 · 史密斯

2021 年 1 月

目录

01 无障碍设计 Accessibility

○ 贴合残障人士需求的设计。

参见
· 流通
· 人体工程学
· 包容性
· 普适性设计

设计师、开发商和业主有责任确保建筑物和居住空间方便所有人使用。这里说的“所有人”包括但不限于任何行动不便者，比如轮椅使用者、携婴儿车出行者、视听障碍者和老年人。

“无障碍设计”是项目设计中的重要一环。许多国家明文规定，只有符合无障碍设计要求的建筑才能获发《房屋使用执照》。很多国家、地区和城市通常设有自己的无障碍设计标准和准则，不同类型的项目可能适用不同的标准和准则。在开始设计之前，不妨先了解一下当地政府的无障碍设计要求。若有必要，可聘请一名无障碍设计法规方面的顾问，由其承担审核工作，协助设计师熟悉每个项目的无障碍设计要求。

虽然残障人士的需求各不相同，但每个设计项目都应当将无障碍设计要素纳入考虑范畴。要想设计出美观的空间，同时满足残障人士的需求，就必须遵守无障碍设计准则。

设计过程中体现无障碍设计要素的方法有很多。以下列出 5 点，供大家参考。

空间

为便于残障人士使用，需打造开阔、通畅的空间，加宽走廊，扩大门洞。设计中务必要考虑轮椅的转弯半径（1.5 米左右）。与此同时，还要拓宽建筑物的入口通道，设置便捷的紧急出口，扩大浴室的隔间面积等。

垂直通行设施

为减少残障人士上下台阶的不便，建议在建筑设计中加入坡道、电梯和自动扶梯等元素。此外，有必要在自动扶梯入口处设置视觉、听觉和触觉显示器，方便轮椅使用者在大楼内独立通行。

表面

光滑平整的地面有助于轮椅使用者或步行者的顺利通行，扶手、抓杆和触觉指示器可帮助残障人士感受表面和材料的变化。

高度和位置

对轮椅使用者而言，标准高度的厨房柜台和工作台不太安全，应适当降低高度。如果将水壶或电热锅等高温物体置于头顶上方，会增加液体倾洒或烫伤的风险。应适当调节办公桌的宽度和高度，以满足轮椅使用者的实际需要。降低浴室柜台面和储物柜的高度，让人更方便拿取。充分利用柜台下方空间，降低电灯开关和电源插座的位置。这些都是在无障碍设计中需要做出的调整。

⬅⬇ 美国波士顿一处公寓内，设计师适当调低了厨房台面的高度，充分利用了台下空间，为轮椅使用者提供了便利。
（建筑师：克里斯·格林纳沃特）

科技

随着自动开门装置、智能化技术、交互式显示器、智能电器和安保系统的日益普及，人们无须频繁触碰物体表面，便能设定室温、制作佳肴和清洗衣物。

02 声学 Acoustics

○ 空间反射或吸收声波的特性。

参见
· 邻接性
· 强调
· 表面
· 体量

室内声学设计的目标是满足空间的预期功能和用户的集体需求。要想创造一个与空间相得益彰的环境，关键是要了解声音的工作原理。声波在产生后会向外传播，遇障碍物则会反射。耗尽声音能量所需要的时间（以秒为单位）被称为“混响时间（RT）”。

声波的混响受到房间里各种物体表面和内含物的影响，比如天花板、家具、窗饰，甚至还有人。在一个包含墙壁、地板、天花板等硬面物体的空间里，声波会被反射多次，直至消失，这样就形成了一个有回声的房间。

如果混响时间很长，声音之间就会相互叠加、碰撞。不同空间的理想混响时间各不相同，具体取决于其使用功能。对于办公空间来说，理想的混响时间为 0.6 ~ 0.8 秒。在私人办公室、会议室、教室等对声音清晰度有较高要求的空间中，较短的混响时间（1 秒以内）较为适宜。

设计师虽然不能全然控制空间内的声音，但是能运用各种材料和产品来吸收、阻隔、覆盖或扩散声音，以此缩短混响时间，达到理想的声学效果。

拓展阅读

《声学之书——让人们在工作中快乐》，作者博（Baux），Vulkan 出版社出版，2021 年。

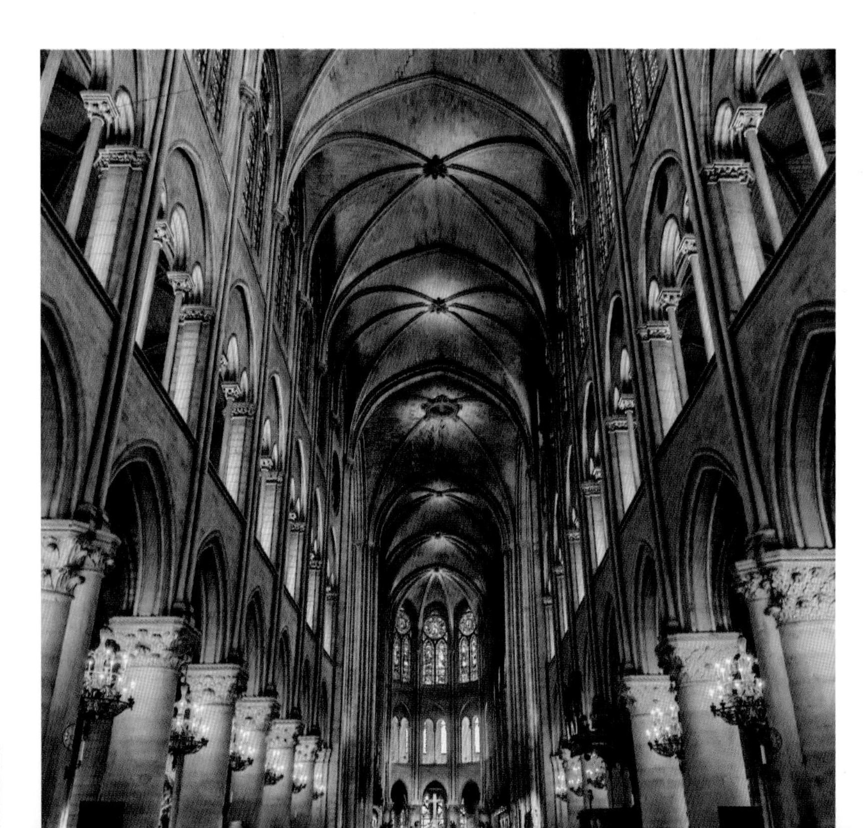

← 2019 年，巴黎圣母院遭大火烧毁。在重建工作中，研究人员试图恢复这座中世纪教堂原有的室内声学效果。

“降噪系数”主要用于测量材料的吸声性能，其数值区间为 0 ~ 1。

各种材料及其降噪系数

材料名称		降噪系数
反射材料	玻璃	0.03
	金属	0.025
	陶瓷、石材	0.01 ~ 0.02
	混凝土	0.03
	抹灰砌体	0.25
吸声材料	织物	因产品而异
	玻璃棉	0.68
	岩棉	0.72
	隔声棉	0.50
	木纤维	0.57
	软木	0.20 ~ 0.70

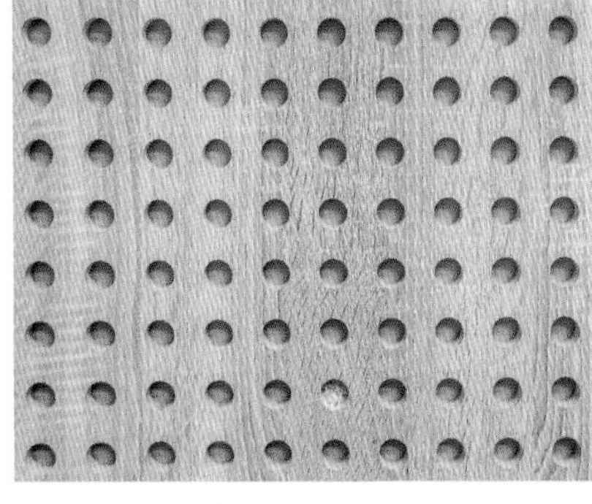

⬆ 吸声材料：软木、毛毡、木纤维板和打孔板

03 适应性 Adaptability

○ **可适应未来变化的设计方案。**

参见
- 设计流程
- 探索
- 创新
- 模块化

室内设计的“适应性”是指空间或环境适应不断变化的需求并充分实现其预期用途的能力，包括各种随机应变的策略，如结构策略、空间策略和服务策略。

早在14世纪，拉丁语中就出现了“optus”一词，用来表示“适合、适应”的意思。而英语中的“adapt”一词则出现在17世纪，意为“适合某种目的”。[1]

弹性空间的设计视空间和使用者的不同类型而定。零售商店的库存随季节而变化；企业的办公空间可能会因业务扩大而显得拥挤，或因人员变动而需要改变；居住空间可能因居家办公或教育子女的需要而不得不做出改变。

优先考虑弹性设计，意味着从项目初期就着眼于变化，这样当新的机会或挑战出现时，空间将很容易适应。凭借灵活的设计策略，可以更好地适应和满足不断变化的工作方式和技术更新的需求。

开放式设计可以适应未来的变化。当前开发中的许多新的城市住宅建筑，很多公寓内部都设有“弹性空间”。这些弹性空间可以根据需要转变为家庭健身房、家庭办公室、儿童游乐房或客房等。

多功能陈设包括可调节高度的桌子、可轻松移动的屏风或墙板、带脚轮的客厅家具、可折叠的会议桌，以及可在小空间中实现快速变形的组合式座椅等。

⬇ 使用可移动家具可以轻松改变房间布局，让同一空间实现多种用途。

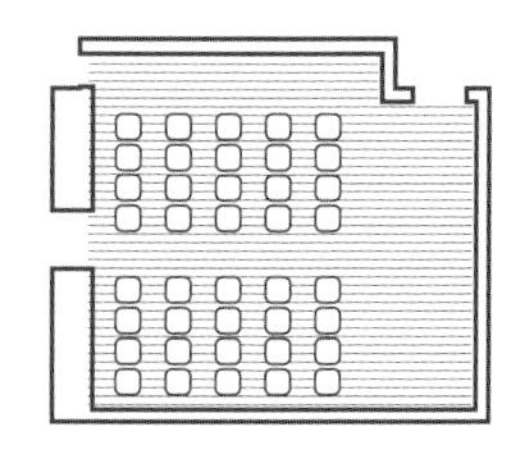
讲授课

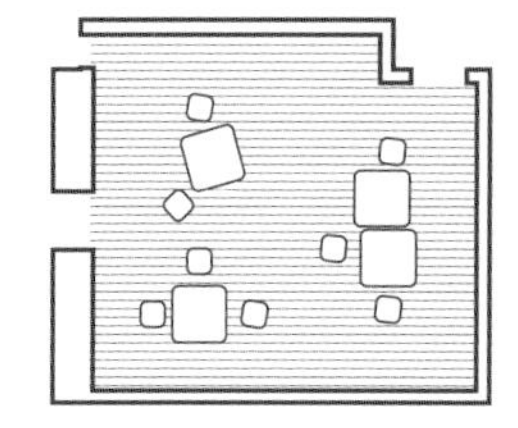
研讨课

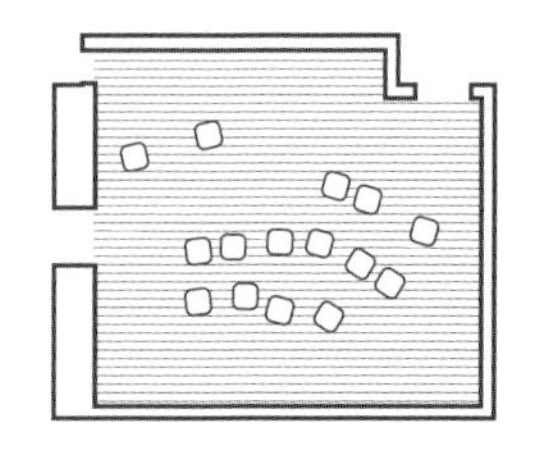
创作课

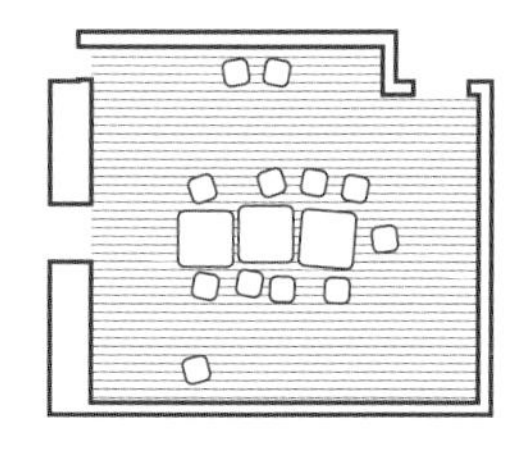
实践课

[1] 译者注：英语单词“adaptability”意即“适应性”。

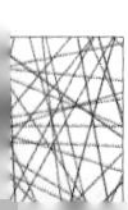

⬆ 近年来市场上出现的整合性教室家具系列，包含移动式课桌、白板、可调式讲台、桌面收纳系统等，旨在满足多样的教学风格和学习环境。
（出品方：世楷办公家具）

➡ 由于空间有限，床头柜同时兼具书桌、书架和照明的功能，让这一空间同时满足睡觉、工作和学习的需要。
（设计方：西班牙巴塞罗那BONBA 工作室）

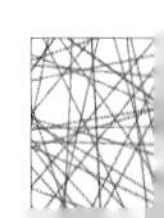

04 邻接性 Adjacency

○ **确定空间如何彼此关联的体系。**

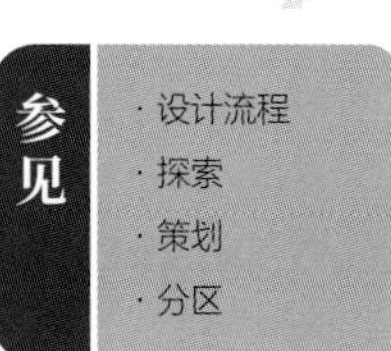

设计师可以采用多种方法对空间（元素）进行自然配对，绘制出符合空间关系的平面图。

在室内设计的初步阶段，空间规划是确保空间动线高效和人能自由行动的关键。设计师可根据客户或客户群的要求，采用多种方式邻接各个空间。这是一个需要反复推敲的阶段，且过程需要不断试错，有些看似应当彼此相邻的元素，最终可能并不会在一起。

评估空间是否需要相邻的方法有很多，一般都受到空间物理条件的影响。影响空间相邻性的因素包括：工作需求、自然采光需求、声学效果需求、专用设备或水的使用需求、隐私性需求、无障碍或可持续性需求及维修保养等。

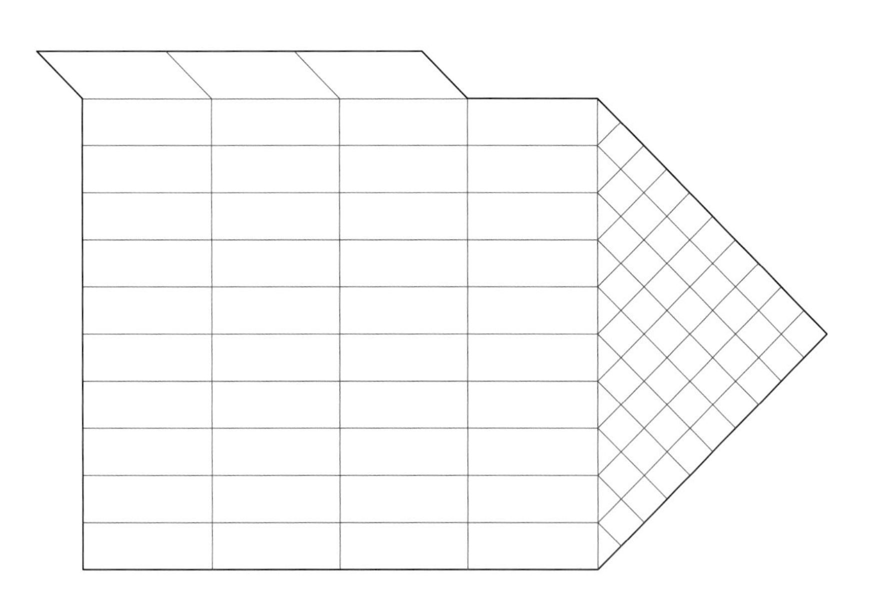

邻接矩阵

指将项目各个分区纵向排列，再使用斜交网格将它们连接起来所形成的矩阵图。设计师在空间相遇的地方按照项目要求分配连接的层次（用色点或数字表示）。通过矩阵图可以快速目测两个分区之间是否需要邻接。

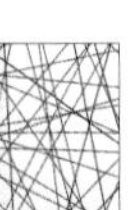

气泡图

指将邻接矩阵的结果通过速绘（通常是手绘）方式勾勒出来，所形成的一系列草图。经过对多种选择方案测试和评估，最后选出最成功的一套方案用于下一阶段的平面图绘制。

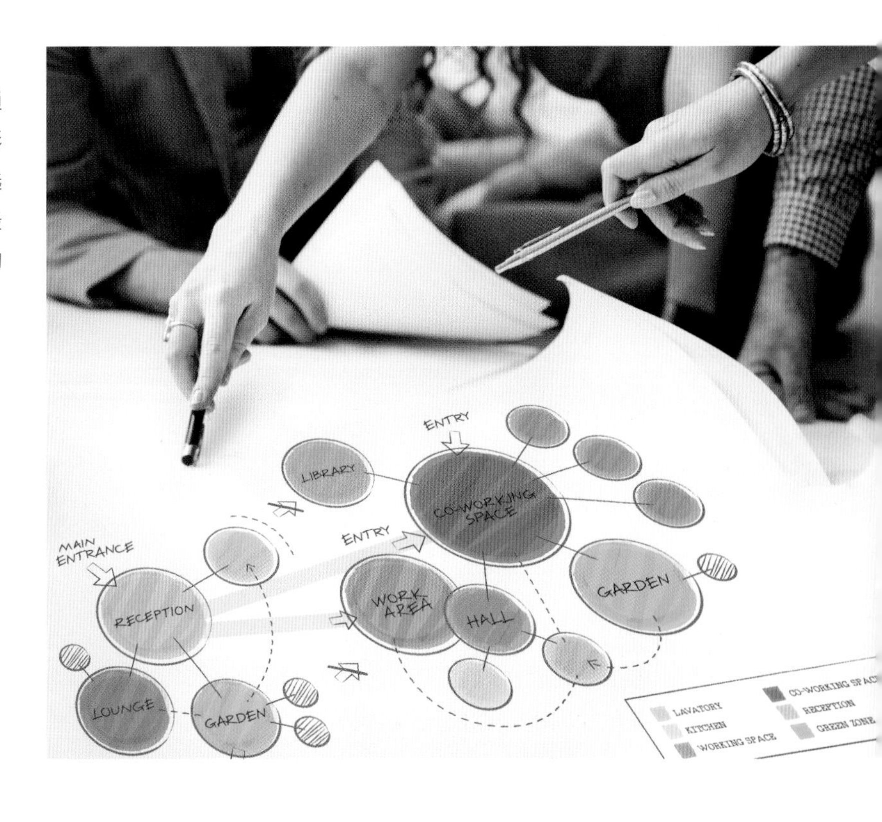

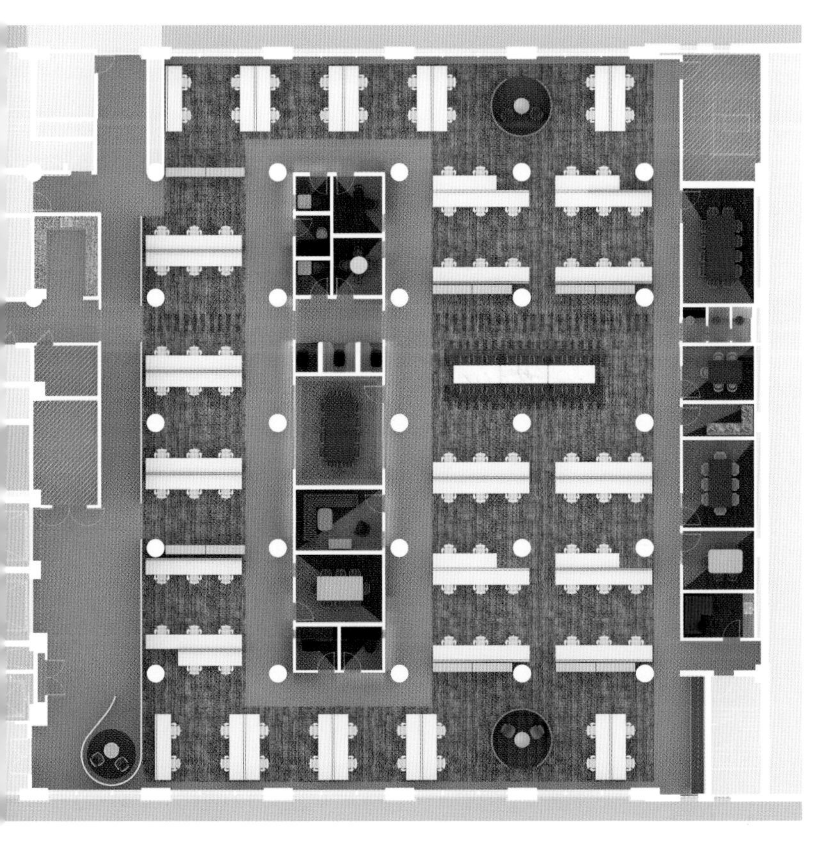

平面图草图

在气泡图基础上参考空间要求、草图（带家具或不带家具的草图设计）和图纸，测试各空间的邻接情况是否符合项目的限制要求。

05 对齐 Alignment

○ **各元素沿一条直线排列。**

参见
- ·均衡
- ·强调
- ·网格
- ·线

“对齐”是设计师使用的一种打造室内空间动态效果的方法，通过视觉线索呈现。比如，将橱柜垂直排列，或将饰面板对缝拼接。橱柜和饰面板无疑是设计中最具影响力的元素，当与邻近的墙面或其他饰面搭配时，它们就成了细节的极致体现。无论安装橱柜还是铺设饰面板，最关键的便是对齐。从空间上来看，没有对齐的线条会纵横交错，看起来杂乱无序。

设计师也可以运用其他横线或竖线元素，通过对齐达到对称效果，或利用错位来打破设计中的平衡感。架子、窗户、艺术品以及安装在墙壁或天花板上的灯具等，这些都是可以借助对齐手法来打造空间效果的理想元素。

家具及其他陈设物并非一定要垂直于墙体摆放。如果空间足够大，可以使用非对称原则来对齐物品，从而打破房间固有的几何形状，形成一种视觉动态效果。

⬇ 巧妙运用对齐手法，强调空间的实用性与功能。

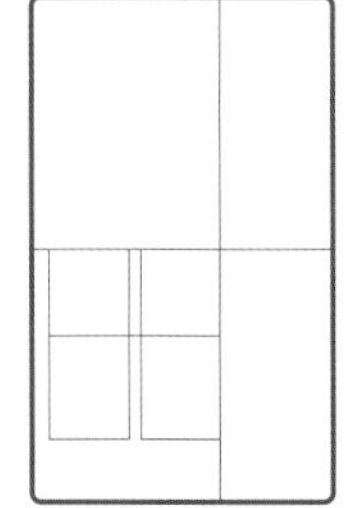

⬅ 美国麻省理工学院媒体实验室共享空间里的家具使用了非对称排列的方式，构成了一个动态空间。

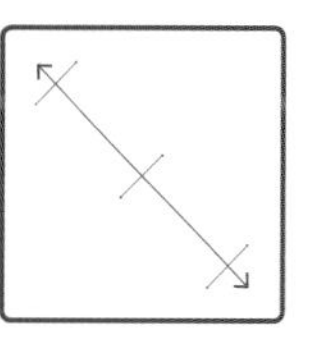

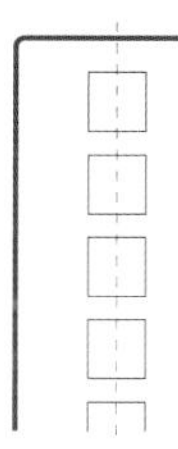

➡ 咖啡馆里的灯具悬挂于桌子上空，兼具功能性与美观性。

06 锚点元素 Anchoring

○ **利用锚点元素让空间重心下沉。**

“锚点元素”是室内设计的“催化剂”，它可以是一个房间或若干相连空间中的一个物品或表面。锚点元素在整个空间中的地位举足轻重，并为其他设计决策提供了线索。

锚点元素的材质、形态不一，它可以是一个非常重要的艺术品，也可以是表面上铺设的一块厚重（深色）材料，还可以是一个孔洞，因缺失而凸显存在感。锚点元素理应是空间中的焦点，而不应该被周边摆放的吸睛物品夺去光彩。亮光对锚点元素来说至关重要，特别是强亮光能进一步凸显其重要地位。

下面列举了锚点元素的几个例子，供大家参考。

⬆ 壁炉和它左右两边对称的内嵌式置物架共同成为该起居室的锚点元素。

物品

一幅画、一张照片、一个雕塑或一盏灯。

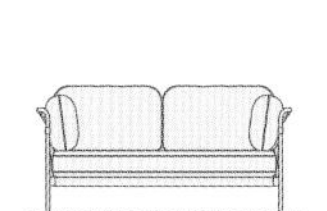
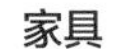

家具

占据房间重要位置的大桌子，摆放在空间中的家具或灯具。

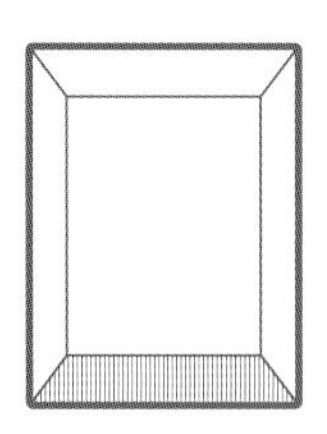

水平表面

引人视线下移的深色地板，或铺在浅色地面上的小地毯。

垂直表面

通过大胆使用涂料、织物或木镶板来突出墙面。

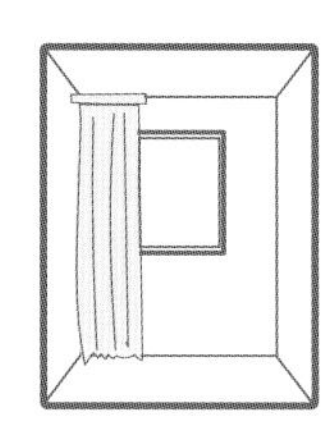

厚重织物

使用厚重窗帘或吸声墙板来勾勒窗户轮廓。

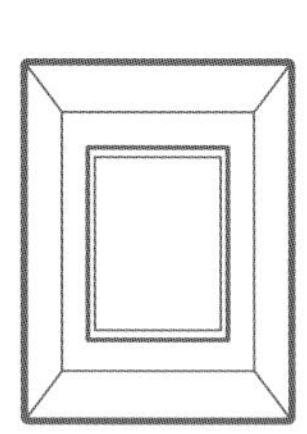

孔洞

虽然听起来不可思议，但宽敞的窗户或开口会因其缺失感而成为人们的兴趣中心。

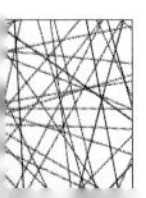

⬆ 大面积铺设的花纹地毯成为该酒店客房的锚点元素，并将各个空间联系在一起。如果不铺设地毯，家具就会像零碎的物品一样悬浮在地面上。

⬇ Slack 公司总部中，大幅有图案的墙布成为这块狭长线形休息区的视觉锚点。
（设计方：O+A 工作室）

07 孔洞 Aperture

○ **表面上的开口或缺口。**

参见
- ·邻接性
- ·流通
- ·动态
- ·自然采光

室内设计中的“孔洞”即开口，它使光线得以进入室内，使空气得以在空间里流通。传统上认为孔洞更具有功能性价值，比如，门可以将人引入另一个空间（或起到关闭通道的作用），窗可以将光线和室外环境引入室内，而水平面或垂直面上的开口则可以将人的视线引到其他空间。

不同深度和材质的孔洞可以给人带来遐想，而不只是作为一个开口。比如人们司空见惯的立柱墙，若将墙体细处设计成刀刃状，或大大加厚墙体总厚度，则可以触发人们新的体验。

在历史上，外墙上的孔洞与气候条件有关，因为在墙上开洞能起到“冬暖夏凉”的效果。白天，幽深的孔洞调节进入房间的光线，并在天色明亮时投下一片阴影。在玻璃窗和吸热材料发明之前，墙上的孔洞要尽量小，才能将热气或冷气隔绝在外；墙壁要足够厚，才能保持室内凉爽或温暖。

除在墙上开洞外，在天花板和地板上开洞可以形成两层通高，或打造天窗效果。这些方法创造性地增加了设计项目的平面数量，在视觉和听觉上将两个相邻空间连接起来。

➡ 这是一个位于美国马萨诸塞州波士顿的儿童设计工作室，深门洞将两个空间巧妙地连接在了一起。

➡ 画家乔瓦尼·保罗·帕尼尼(Giovanni Paulo Panini）笔下的《罗马万神庙内部》（创作于1734年），着重描绘了穹顶中央的天窗，由此洒下的阳光正是这座古庙的主要光源。

⬇ 在美国麻省理工学院礼拜堂，日光从天窗倾泻而下，波浪般起伏的砖墙顿时清晰起来。

08 非对称 Asymmetry

○ **不具有对称性。**

参见
· 均衡
· 强调
· 摆放
· 对称

对称设计的元素围绕中轴线遥相呼应，显得井然有序，而非对称设计的元素在空间中自由排列，更显随性。多种多样的物品、不相匹配的家具，以及奇数数量的元素，共同构成了别具一格的空间构造、设计和布局。

非对称并不意味着不平衡。很多时候，缺少秩序反而能丰富空间造型，让空间内部有自然流动的效果。休息室和起居室尤其适用这一策略，因为非对称设计会带来更多互动，让关系更加亲密。而在工作环境中，非对称设计更适用于非正式场合和需要专注的工作空间。

非对称设计经常出现在家具、图案、织物等艺术品上。有一些含有不对称意思的词语，比如倾斜、错落。日本的艺术中也有非对称设计的形式，比如日语里的“间”，指物体周围的空地或空间，常见于日本的艺术或音乐作品中；“池坊”则是日本的一种插花形式，讲究非对称性，意在凸显自然形态。

⬇ 伊姆斯夫妇（Charles and Ray Eames）为美国纽约现代艺术博物馆设计的不对称伊姆斯躺椅。这款椅子于 1948 年问世，但由于制造工艺复杂，难以投产，直到 1996 年才由维特拉家具公司成功制造并出售。

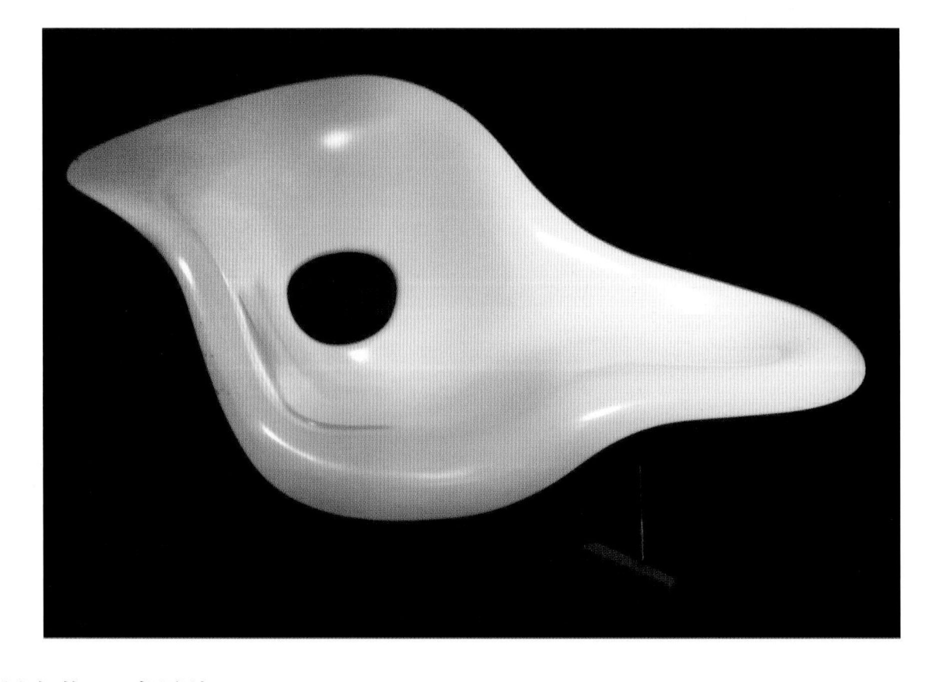

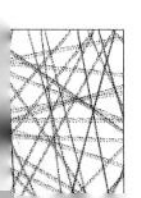

⬅ “篝火”系列组合沙发，在非对称设计中布置起来更显轻松惬意。

⬇ 作为纽约标志性建筑的派拉蒙酒店，经戴维斯工作室（Meyer Davis）翻新后，保留了原始的非对称布局，无论是家具的摆放还是灯光的使用，都不拘一格。

09 均衡 Balance

○ 元素在空间内的排列具有赏心悦目的美感。

空间元素在视觉上的均匀分布形成了一种视觉平衡，这是室内设计的重要原则和目标。空间设计多追求视觉平衡，将物体或元素的视觉重量均匀地分布在空间内，从而获得一种平衡感。室内设计中的平衡有3种：对称平衡、非对称平衡和径向平衡。

温馨提示

设计中，不仅要考虑家具和元素在平面图中的放置，还要顾及这些元素在立面图或三维空间中的高度和视觉重量，这样才能充分了解这些物体对空间的影响。同样需要注意的是，不要低估挂画、植物、软装品等装饰品的图案或颜色的视觉重量，而这些元素并不一定会涵盖在初步设计图纸中。

← 位于美国华盛顿特区的莱恩DC酒店接待处，考究的细节、彩色的饰带，尽显古典别致的情调。（设计方：INC建筑设计事务所）

对称平衡

对称平衡也称为“正式平衡”，是最令人赏心悦目的一种平衡效果。把元素放在房间两侧相对的位置上，或沿中轴线呈对应状态布置，就能起到对称的效果。例如，在桌子两侧各放上一个沙发，沙发边上各配一个边桌和台灯，就是典型的对称平衡。这种平衡手法常见于传统空间，在方形空间很容易实现，可以产生宁静和谐的效果，但也常显得平淡乏味。对称平衡会受到空间中颜色、图案、木制品、小摆件和装饰物的影响。

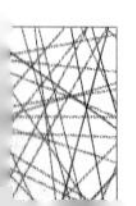

⬆ 位于捷克兹诺伊莫的葡萄酒之家，房内巧妙布置了几个覆盖深色胶合板的圆柱体，将房间隔成了几个较小的座位区。

非对称平衡

非对称平衡常见于现代室内空间，不需要中轴线两侧元素精确重复，不依靠元素的精确对应来实现物体、线条、颜色、纹理等的视觉重量平衡，而是由各种元素共同形成一种平衡效果。例如，在轴线两侧分别放上沙发和两把躺椅，就能起到平衡效果。在非对称平衡的房间里也可以添置许多物品。有时候，为了取得非对称的效果，会在空间里故意摆放奇数数量的物品。这种类型的平衡可在视觉上更显复杂、有趣，但也更难实现，因为它不像对称平衡那样井然有序。

径向平衡

在径向平衡中，物体围绕中心焦点呈放射状排列。径向平衡的运用场合较少，而且往往搭配曲面结构使用，比如楼梯、圆形餐桌、圆形大吊灯等。径向平衡常常反复多次使用曲线、颜色和图案。例如，在圆形餐桌上方悬挂一盏圆形吊灯，餐椅围绕餐桌均匀摆放，就能达到径向平衡的效果。

⬇ 在径向平衡中，物体围绕中心焦点向外辐射或向内聚集。图中为法国斯特拉斯堡欧盟议会总部，讲台即空间焦点。

缺失平衡的空间会令人不适，因此，室内设计师力求为使用者创造一种平衡的美感。在同一个家居空间、办公空间或其他功能空间里，可以组合使用多种平衡类型。

10 仿生学 Biomimicry

○ **模仿自然生物的设计或工艺。**

参见
- ·亲近自然
- ·材料
- ·可持续性
- ·科技

英语中的“仿生学（biomimicry）”一词来源于古希腊语中的“bios（生命）”和“mimesis（模仿）”，意即对生命的模仿。

1982 年，仿生学的创始人珍妮·班娜斯（Janine Benyus），将仿生学定义为“一个能为工业和研究发展提供创新和可持续的解决方案的新科学”。纵观历史，有无数设计师向自然寻求思路和灵感。比如 1488 年，在对鸟进行细致的研究后，达·芬奇画出了“扑翼机”的设计图纸，这便是早期仿生学运用于设计的例子。

仿生学也推动了材料创新。借助先进的技术，无论是会生长的建筑材料（如菌丝砖）或生物性发光体、光滑鹅卵石状的座椅、六边形的墙砖，还是从自然汲取灵感的图案织物等，如今纷纷涌现了出来。

⬇ 位于意大利蒂沃利古镇的哈德良别墅遗址，彰显了古罗马住宅与自然环境和谐相处的特点（其他早期文明遗留的住宅也有着同样的特点）。

⬅ 上海自然博物馆从总体形态到别具一格的细胞墙和中庭，再到对天然材料和当地资源的利用，无不体现了自然和建筑的和谐统一。
（设计方：帕金斯和威尔建筑事务所）

➡ 生态产品挑战（Living Product Challenge）创始人杰森·F. 麦克伦南（Jason F. McLennan）受自然界中地衣的启发而设计了这款地衣地板。他说："地衣色调丰富，纹理多样，是生态系统中生机勃勃的存在，它一生回馈给大自然的资源比它消耗的资源多得多。"

11 亲近自然 Biophilia

○ **人类对自然与生俱来的亲近感。**

拓展阅读

《14 种生物设计模式改善建筑环境中的健康和福祉》，作者威廉 · 勃朗宁（William Browning）、约瑟夫 · 克兰西（Joseph Clancy）、凯瑟琳 · 瑞恩（Catherine Ryan）。

20 世纪 60 年代，在精神分析心理学家艾瑞克 · 弗洛姆（Erich Fromm）的普及下，“biophilia”（“bio”意指生命，“philia”意指亲近，词意即亲近自然）一词开始为人所知。亲近自然描述了人类寻求自我保护的生物性驱动力。亲近自然的设计被认为可以改善人的心理和生理健康：它可以减轻压力，加快疾病或伤痛的愈合，提高创造力和生产力。它甚至可以缩短员工的病假天数，从而为企业节省开支。

许多设计师认为用植物来点缀房间即可，但它的作用远不及亲近自然设计的作用显著，因为后者能带来多感官的体验。例如，在设计中组合多种自然元素——在办公室里布置青苔墙、葱郁绿植、自然光、水元素（如喷泉）并引入窗外风景，甚至大自然的声音和气味，都可以使工作环境大大改善。

以下列举了几个亲近自然设计的例子，供大家参考。

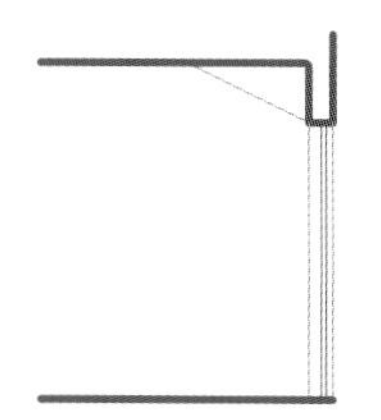

光

最大化利用自然光，并增设照明系统，用光线模拟昼夜节律变化，增加视觉舒适度。

植物

打造绿色植物墙，添置盆栽绿植，通过屋顶花园和户外餐厅来连接户外，在户外环境中工作，感受草木四季之美。

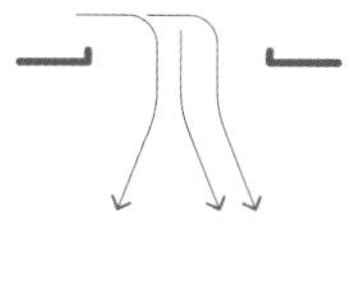

空气

温度和气流的变化会影响人的舒适度、幸福感和生产力，设计得好的话，可以提高人的专注力。

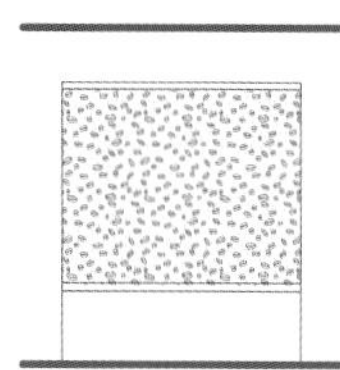

水

水（如喷泉）可以让人减轻压力，降低心率和血压，从而平心静气。

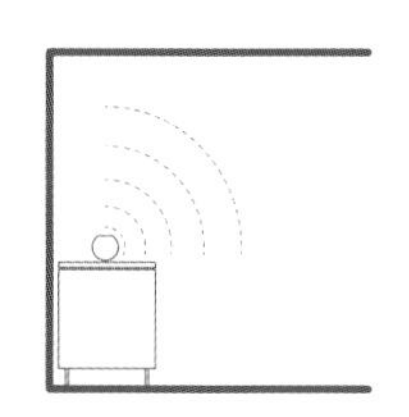

声音和气味

大自然的声音和气味——微风徐徐、树叶沙沙、流水潺潺、鸟语花香，可以借助各种材料来模拟。例如，织物随微风翻滚，光在水或物体表面反射，通过机械方式释放精油或香气等。

⬅ 位于美国马萨诸塞州剑桥市的哈佛大学史密斯校园的中心一角，借助植物墙和天然材料为大学生提供了一个静谧的场所。

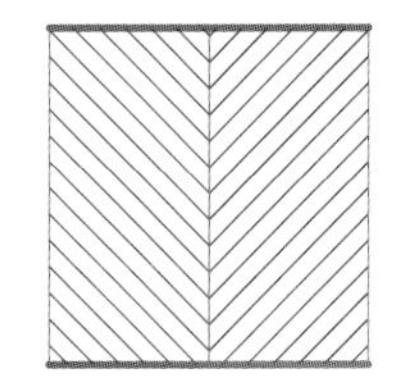

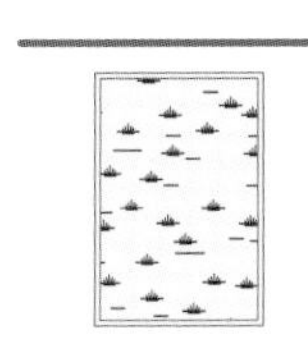

材料

天然材料，如木材、石材、羊毛、软木和皮革等，材料的自然纹理和脉络会更加突出；而人工材料，如塑料、乙烯基化学物等,会释放有毒气体。

艺术品和图案

在其他方式都不可行的情况下，添置具有自然主题或大自然颜色的艺术品，可以增加空间中的亲近自然元素。图案也有同样效果，我们的大脑会将图案中的亲近自然元素和亲近自然设计中的不规则碎片，与真实的生命联系起来。

⬆ 密斯·凡·德·罗（Ludwig Mies Van Der Rohe）于 1951 年设计的范斯沃斯住宅，以精细的木材纹理作拼接，以石灰华大理石作固定，通过透明玻璃和纱质窗帘将室内外巧妙地融合在一起，使人得以领略福克斯河畔的美景。

12 空间特色 Character

○ **有助于形成空间外观的视觉特性和物理特性。**

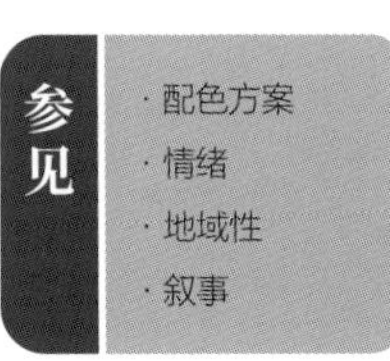

我们进入房间时所感受到的基调即为“空间特色”。这个特色可以是当前存在的，比如项目或场地中原有的元素或现存的状况，也可以是与客户交流后独立形成的。

空间特色与设计策略紧密相关，可借助它来诠释设计方案的独到之处。有时候，我们也将其称作“风格”。但“风格”一词的语义较为狭窄，只是设计师根据空间特征挑选数量有限的物品来打造一些效果，而不是基于各种各样的物品和表面所形成的整体感观。

在设计过程中，空间特色随项目现状变化而逐渐演变。设计师可以通过类似元素来强化空间特色，也可以通过对比元素来衬托特色，以形成独特的风格。

⬇ 印尼万隆黑鸟酒店，使用雕花木质屏风作为天花板，色调丰富，独具特色。

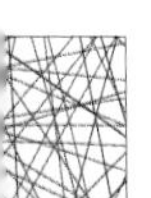

➡ 位于美国佛罗里达州迈阿密的标准酒店和丽都水疗中心大厅中，明艳的彩色玻璃窗，配上舒适的家具，打造出一个宁静平和、通风良好，同时又富有海滩气息的空间。酒店还在通风设备中加入了独有的香气，丰富了宾客的感官体验。
（设计师：肖恩·豪斯曼）

⬇ 帕奇希娅·奥奇拉（Patricia Urquiola）为家具品牌莫罗索（Moroso）设计的“Lilo 系列”扶手椅，其灵感来源于斯堪的纳维亚风格、中世纪现代主义风格，以及早期曾给予奥奇拉指导的意大利设计师阿切勒·卡斯蒂格利奥尼（Achille Castiglioni）的作品。

13 循环设计 Circular Desig

○ **一种旨在消除浪费、增加产品使用寿命、促进材料再生的经济型设计方法。**

参见
· 邻接性
· 耐久性
· 健康、安全与福祉
· 可持续性

有资料显示，建筑垃圾在美国每年产生的固体废物中所占的比例高达 50%。随着填埋场堆积的垃圾越来越多，废弃物中一些化学材料不能被生物降解，就会进入到我们的日常生活和饮用水中，危害人体健康，并破坏土壤和水体生态环境。“循环设计”这一理念最早由艾伦·麦克阿瑟（Ellen MacArthur）于 2010 年提出，与我们常说的“回收利用”这一概念息息相关，有时候我们也称其为“循环经济”。循环设计是指通过重复利用、修复和回收等方式来创建一个潜在的闭环系统，以此消除浪费和降低消耗。

温馨提示
正如艾伦·麦克阿瑟基金会（Ellen MacArthur）所述：“废物和污染不是意外产生的，而是精心设计后的结果，80% 的环境影响在设计阶段就已经确定了。”

循环设计的核心原则包括：通过设计消除或减少废物和污染，提高生产力和耐久性，延长产品和材料的使用寿命，促进自然系统再生等。对于室内设计师而言，这意味着要选择可回收的织物和家具，并仔细评估地板和墙面产品的成分。另外，考虑到产品的生命周期，到期产品在哪里回收、怎样回收，以及可回收成分能换取多少价值，这些都成为循环设计成功的关键。

采用循环设计系统的企业包括：依托订购模式的家具公司，从事废料研磨、纤维再加工的纺织企业，以及回收旧瓷砖的地板公司等。

在设计中采用循环设计方法的最终目的是降低长期成本，提升资源利用效率，通过材料再利用实现创收，并对环境产生积极的影响。

⬇ 纺织品公司 HBF 推出的内饰织物“数码花卉（Digital Bloom）2.0”，含有百分之百可回收、百分之百可生物降解的材料，获得 NSF 等 3 家第三方机构的认证。

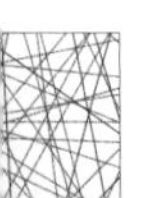

线性经济

循环经济

⬇ 丹麦独立设计品牌诺曼哥本哈根（Normann Copenhagen）于2021年推出的"Bit系列"边几小圆墩，使用了百分之百可回收的家用塑料和工业塑料。

14 流通 Circulation

参见
· 邻接性
· 建筑法规
· 疏散通道
· 分区

○ **使用者在空间中移动的方式。**

当我们在空间中移动时，我们凭感觉就能判断出两点之间的最快路径。这种移动或流通的便捷性，既关系到室内空间的动线规划，同时又能衡量室内空间是否足够舒适和安全。能够影响设计的流通方式有很多，大体可分为水平流通和垂直流通两种类型。

水平流通：走廊、入口、出口、室内过道等，这些都受到家具布置和标准宽度的影响。

垂直流通：楼梯、自动扶梯和电梯。

空间流通也与空间用途紧密相关——酒店比私人住宅需要更多的流通，居住容量则决定了走廊和过道的宽度。高效的流通对于项目设计至关重要，也是决定项目总实用面积的一个重要因素，这在对商业空间进行初步策划设计时尤为重要。

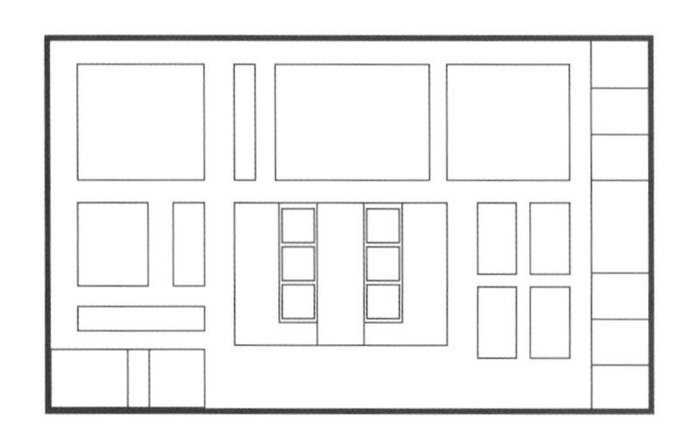

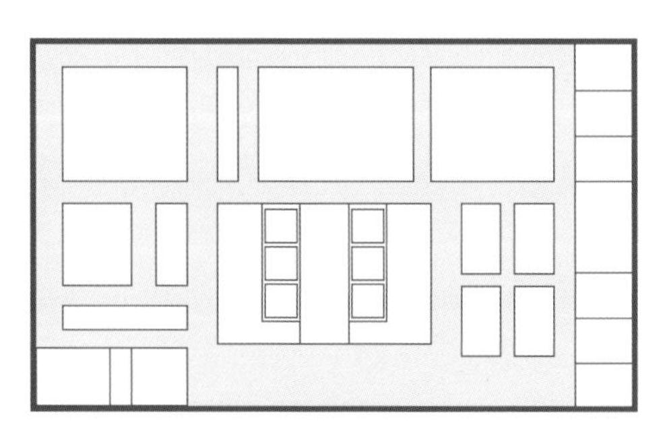

流通面积

平面图中未规划或不可规划的空间，以平方米为单位。

流通系数

流通面积除以可用面积。

流通倍数

净面积除以流通面积。

↖⬆➡ 流通与策划密不可分，精心设计的楼梯和电梯可以大大提升空间体验。

15 建筑法规

Codes

○ **市政部门管理建筑施工和室内设计的一系列规章制度。**

参见
· 无障碍设计
· 疏散通道
· 健康、安全与福祉

建筑法规是设计师为确保建筑或空间安全耐用而必须遵守的一系列规章制度。这些法规自上到下可分为国家、区域和地方几个层级。设计师有责任确保其设计的平面图符合所在地区适用的法律法规。建筑相关部门负责执行法规，会对所有平面图进行审核，认定合规后再发放许可证。建筑法规层层林立，在各条原则中或有重合，交叉引用错综复杂，设计师有必要全面了解，仔细琢磨。

建筑法规的重要性

建筑法规为设计建立了一套基准规则，从而确保了建筑物及内部空间的使用安全。例如，法规中会规定楼梯尺寸、防火墙体材料的主要成分、表面材料的正确使用方法、一栋建筑可能消耗的能源等。

这些法规规定了门和走廊的适当宽度、房间的最低高度、垂直通道的间距，以及使用材料的合规标准等。建筑法规时有更新，这就要求设计师紧跟信息变化，及时了解现行标准。

建筑法规中总有一些内容需要室内设计师格外关注，包括室内装修、防火排烟、疏散设施、无障碍设计、室内环境和能源效率等。

建筑法规的影响

国家和地区制定建筑法规，会对当地的建筑物建造产生很大影响。比如美国1990年通过的《美国残疾人法案》，规定了走廊的标准宽度、固件和柜台的安装高度、视觉和触觉设备的使用标准等，为美国的建筑师们打造无障碍空间提供了法律保障。

⬆ 许多项目要求在适当位置放置出口标志，指示最近的安全出口。图中所示的波士顿大学基拉昌德中心，便是一个典型案例。
（设计方：Payette 建筑事务所）

➡ 位于芬兰赫尔辛基的奇亚斯玛当代艺术博物馆，设计师为遵守当地建筑法规的要求，特别建造了一条造型优雅的坡道。

16 协作 Collaboration

○ **与其他专业人士合作。**

参见
· 创造力
· 设计流程
· 灵感

“协作”是指设计团队互相配合，共同达成某个目标或结果。在室内设计的各个阶段，无论是与客户、承包商还是与外部顾问共事，良好协作都是工作中不可或缺的一部分。

在建筑设计和室内设计中，一个项目可能会根据规模和类型而聘请多个领域的顾问，而这些顾问通常是在某一特定领域持有执照的专业人士。目前，室内设计项目需要聘请哪些顾问并没有既定标准，而是根据项目规模而定。

协作也是设计教学中的重要一课。以美国北卡罗来纳州的黑山学院为例，这间建于20世纪30年代的实验艺术学院，以德国包豪斯学校为模型，强调各种艺术形式的融合协作。在这里，视觉艺术家、设计师和诗人们被鼓励进行跨学科合作，扩展了协作的教学理念并将其发扬光大。

与其他创意产业一样，设计领域中也不乏相互协作的例子。例如，制造商与外部设计师合作，共同开发一系列家具、织物、地板或灯具。制造工艺因加入了设计师的全新视角而价值大增，企业与设计师联手，则拓宽了产品的受众群体。

顾问类型
声学工程师
艺术顾问
法律顾问
配色师
电气工程师
消防工程师
家具顾问
厨房顾问
景观设计师
照明顾问
机械工程师
管道工程师
导向顾问
可持续发展顾问
结构工程师

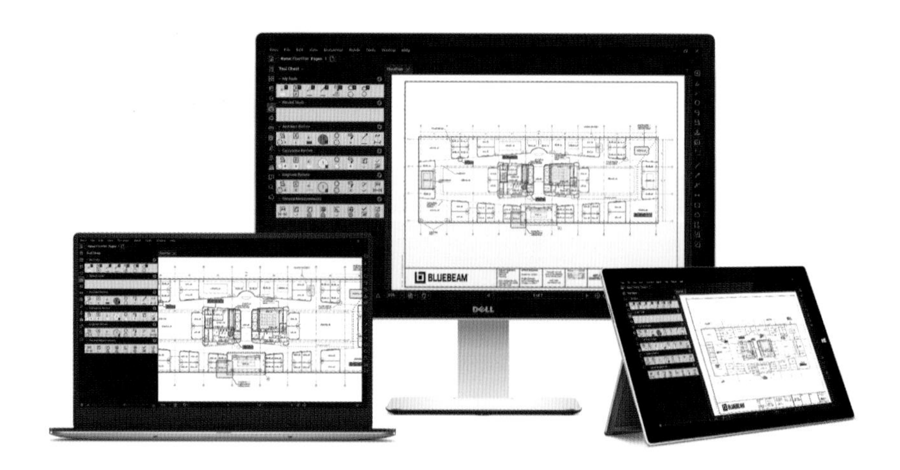

⬅ 实时沟通软件的日益普及，让协作、协调和施工过程变得更加高效。例如，Bluebeam 公司推出的 Revu 软件，不仅能收集项目的各种资料，还能在团队成员和各利益相关方之间实现即时通信。

⬅ 2017年，丹麦品牌HAY与宜家合作，推出了“伊波利（Ypperlig）系列”家具和配件。

⬇ 1948年，巴克敏斯特·富勒（Buckminster Fuller）和黑山学院的学生们在组装一个网格球顶。

17 调色板 Color Palette

○ **在室内空间中运用多种色彩。**

参见
- 色彩理论
- 色相
- 单色
- 色调

室内设计中的“色彩运用”话题，总能引起各方的激烈讨论，比如：你是如何开始的？为什么不按常规选择颜色？每个人看到的颜色都不尽相同，为什么要费尽心思去设计？事实上，室内设计中存在着许多重要的色彩运用技巧。下面介绍一些在色彩领域广泛研究、测试和试图量化的色彩运用原则。在理想情况下，设计师从色彩理论着手，进而确定配色方向或方案，最后提炼成一个调色板。

配色方向一旦确定，接下来就要考虑调色板的问题。在此过程中，可根据既定的配色策略，经过一番探索和微调后，最终选出特定的颜色范围。

例如以相近色为基调的项目，假设基础色是淡蓝色，那么接下来便要不断地将其他蓝色色调加入调色板中。

除此之外，还要考虑所选物体的纹理、光泽度（反射率）或对光线的吸收率，以及它们向环境中反射了多少光线。例如，反射率高的蓝色墙面会将蓝色投射到相邻的浅色物体表面上。当把一系列室内元素作为整体考虑时，可以借此带来不同凡响的效果。

温馨提示

可以借助在线工具来绘制调色板。例如，宣伟涂料公司开发的“ColorSnap”，以及 Glidden 公司和 PPG 公司共同开发的“Visualize Color”等。

⬇ 休息区里的墨绿色和红色，与家具、地板和墙面上的柔和中性色巧妙地融合在一起。

⬆⬅ 美国芝加哥某家具展厅使用了一系列亲和色调。（设计方：Kuchar设计团队）

18 配色方案 Color Schem

○ **按特定方式搭配颜色。**

参见
· 色彩理论
· 色相
· 单色
· 色调

配色方案是决定各种色彩如何相互作用并取得平衡的方案，每个方案最终呈现的都是一个综合的色彩系统。作为一个色彩系统，它有别于设计中使用的某一种材料或材料中的某一种颜色。在实际应用中，配色方案为设计师进一步绘制出具体的调色板指明了方向。比如，如果设计中需要采用单色配色方案，那么就可以在调色板中探索几种配色方向（比如调配一组中调的蓝色，或一组暗调的灰色），等到调色板确定以后，就可以将这些颜色运用到材料中。

配色方案可以是上述的简单配色，也可以包含多种色相和色温，这可以通过对照色彩平衡指标来测得。在色彩平衡方面，可以从美学角度判断色彩的搭配和比例是否协调。一般来说，可以基于“60-30-10 配色法则”进行搭配，但是，打破常规的大胆配色更能收获意外惊喜。

配色方案不是一成不变的，潮流配色千变万化，一些流行方案可能只在一时风靡。

配色方案范围不一，大到可以涵盖整个项目，小到只是应用在一个房间，或者项目中的一小部分。虽然有现成的规则可以运用，但敢于打破规则，才更能体现设计师的真正才华。

拓展阅读

《如何使用“60-30-10 配色法则”，以及如何打破它》，作者戴安娜·海瑟薇·蒂蒙斯（Diana Hathaway Timmons），2021 年。

60-30-10 配色法则

这是一条很好的经验法则，可以由此制定配色方案：主要色彩占空间的 60%，可以是墙壁、家具或其他物品；次要色彩占 30%，通常是较小的家具或陈设；辅助色彩占剩下的 10%。

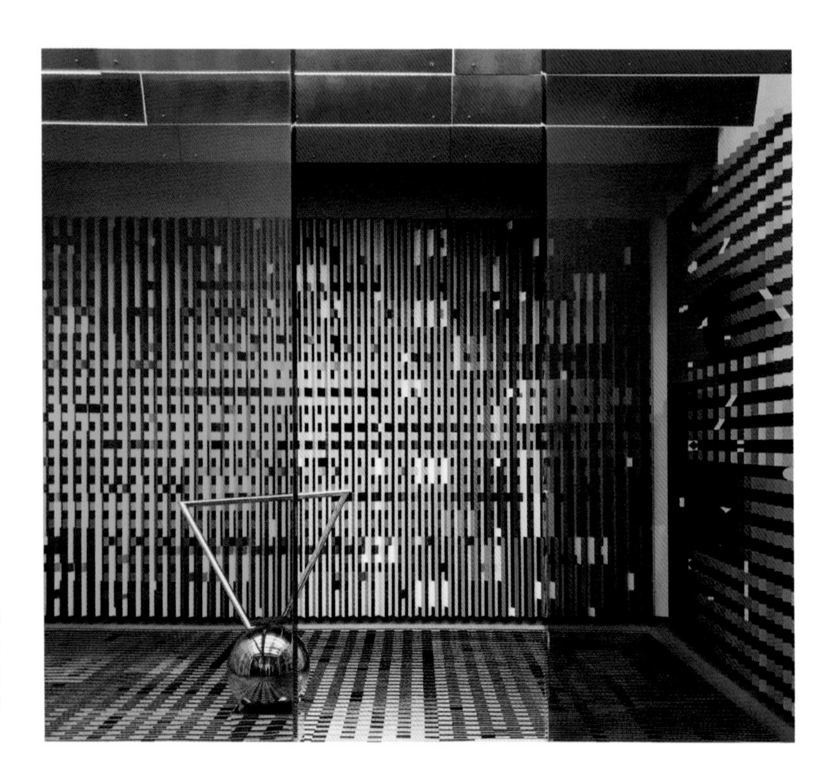

➡ 在法国巴黎蓬皮杜中心陈列着由以色列艺术家雅科夫·阿加姆（Yaacov Agam）设计的彩色动态装置“阿加姆沙龙”，它原本设在法国总统私人公寓爱丽舍宫的入口处。

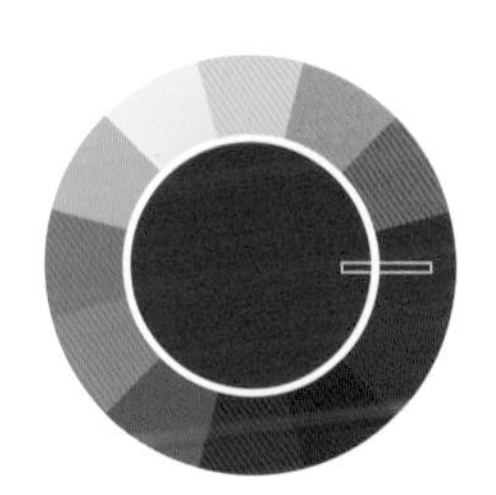

单色

在方案中只使用一种颜色，但可以在饱和度和明度上做变化。

邻近色

使用与主色调相邻的颜色。主色调是指方案中占主体地位的颜色。

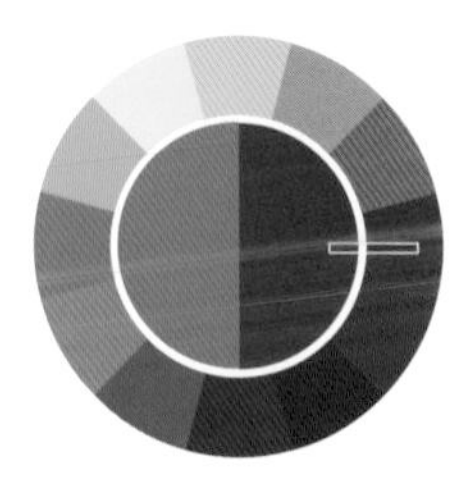

互补色

选择色环中相对的一组颜色，形成对比鲜明的配色。

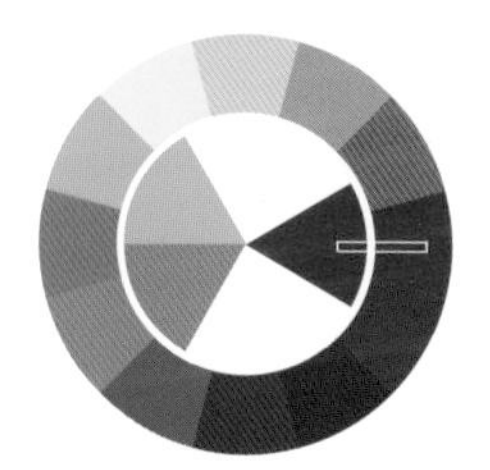

分离互补色

选择色环中主色调与其互补色左右两侧的相似色进行组合。

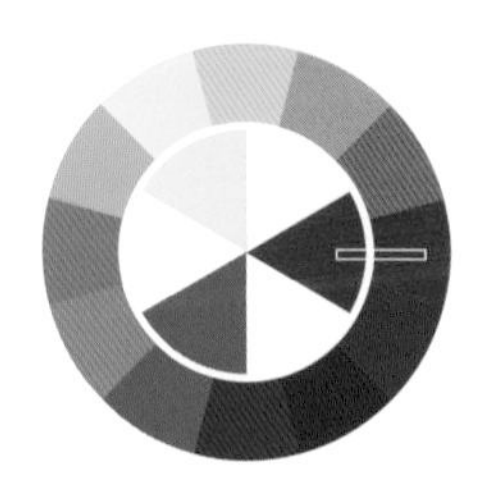

三色

使用色环中等间距的三种颜色进行组合，形成对比鲜明的配色。

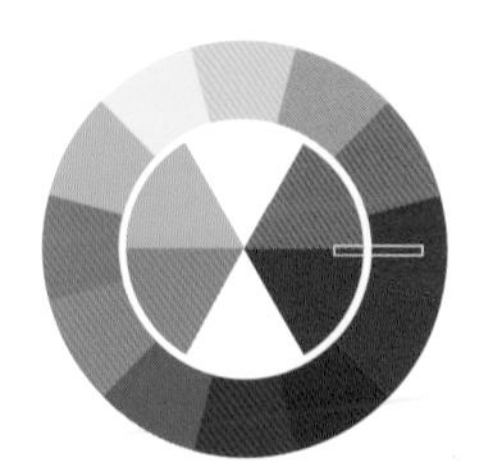

双互补色

使用两对互补色。但要注意，为了保持色彩平衡，须谨慎选择色彩比例。

19 色彩理论

Color Theor

○ **有关色彩在空间中如何相互作用的规则或指导原则。**

一直以来，为了评价某些配色组合的优势，人们做了许多尝试。早期，人们通过色环或色轮来直观地表达色彩的关联和范围，以及它们彼此之间的关系。1704 年，牛顿发表了《光学》一书，书中将白光分成了红、橙、黄、绿、蓝、靛、紫 7 种颜色。他将这 7 种颜色依次排列在一个圆盘上，每种颜色各占一定区域，将圆盘迅速转动，便可见到圆盘呈现白色。牛顿将颜色客体化为可理解的数学体系，以便进行可量化的实验。

随着时间的推移，色彩理论逐渐演变成几种策略和经验方法，将颜色相互联系起来。

拓展阅读

《我没有最喜欢的颜色》（*I Don't Have a Favourite Colour*），作者海拉·琼格里斯（Hella Jongerins），Gestalten 出版社出版，2016 年。

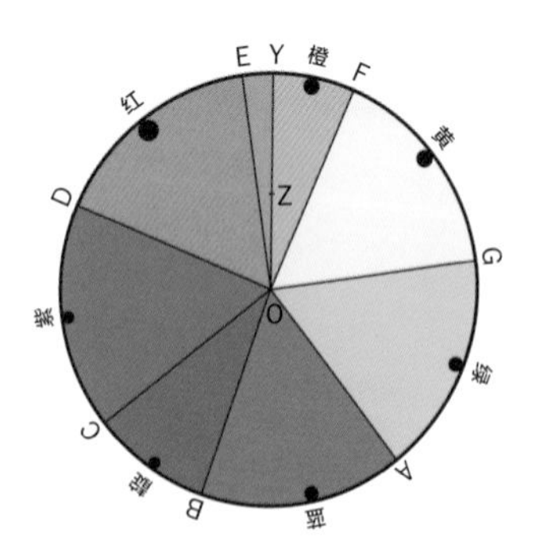

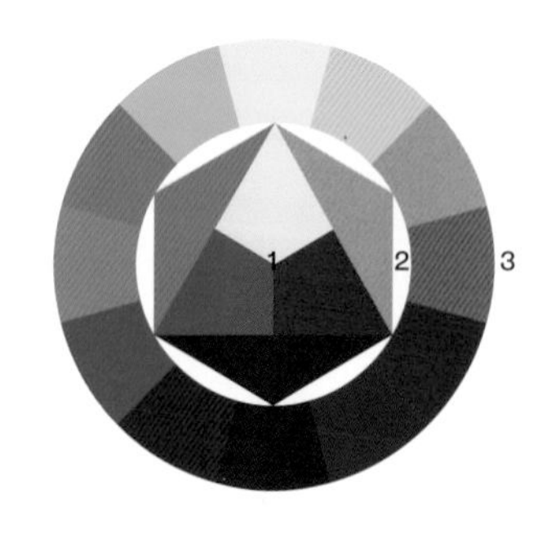

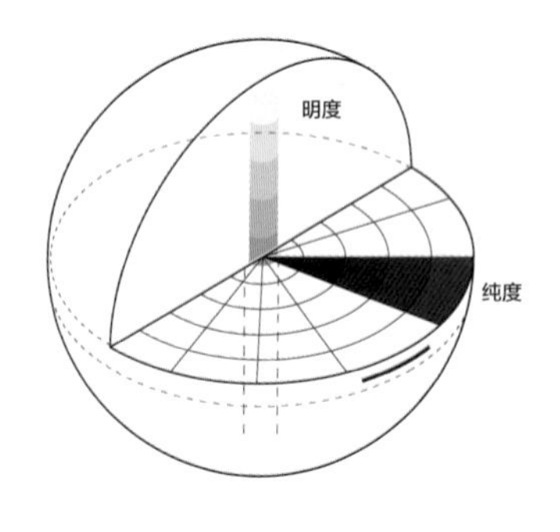

牛顿色盘

1671 年，牛顿率先发现色彩并不是存在于一条线性轨迹上，而是在一个连续的环形序列上。为解释此现象，他制作了一个圆盘，圆盘中心为白色，用“O”标记，7 种颜色依次排列在圆盘周边，每种颜色各占一定区域，在系统内达到平衡。通过实验，牛顿发现，红色和紫色组合会形成一种自然光谱中没有的颜色。

伊顿色环

20 世纪 30 年代，约翰内斯·伊顿（Johannes Itten）开始研究色彩。在包豪斯学校担任教员期间，他基于光的三原色（红色、绿色和蓝色）制作了一个色环。从起点（1）经过第二步（2），得到 12 色相环（3）。以此为基础，他开发了一套色彩系统，并借助 7 条对比规则，可以让人更好地理解互补色。

孟塞尔色球

与伊顿同时期的美国画家兼教师阿尔伯特·孟塞尔（Albert Munsell）发现了一个三维色彩系统。在这个系统中，不同色相环绕色球排列，明度从顶端到底部由明到暗变化，纯度由外向内变化。孟塞尔还独创了一套命名法，帮助识别系统中的颜色。例如，“R 5/10”表示红色、明度 5、纯度 10。

⬇ SolBe 学习中心使用彩色物体将教室分成“住宅”和“庭院”等区域。
（设计方：Supernormal 设计公司）

色盲关怀

先天性色盲患者与正常人看到的颜色是不一样的，当色盲患者在调色板上选择色彩时，设计师应将这一影响因素考虑在内。

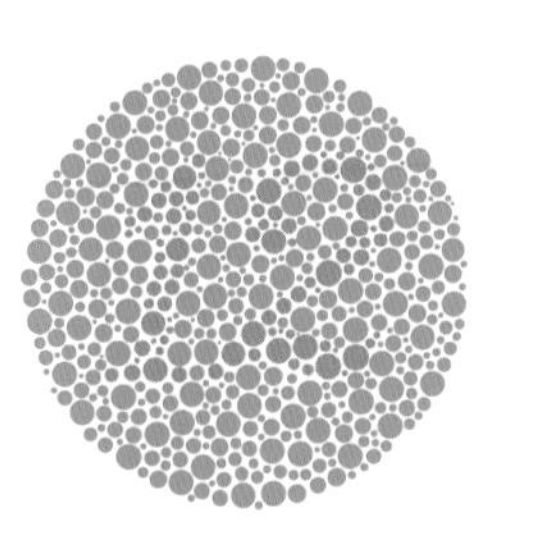

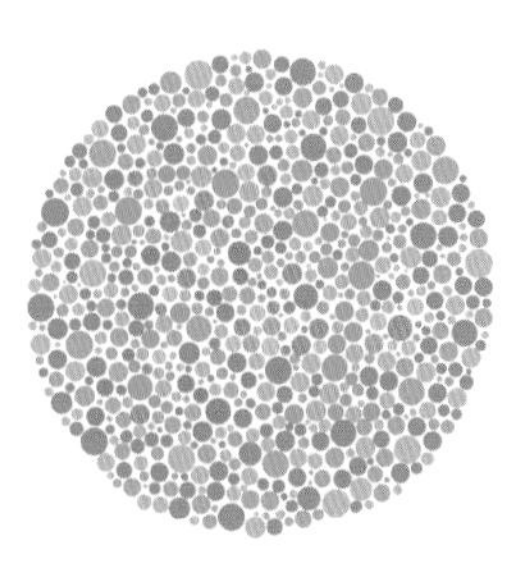

➡ 石原氏色盲检测图，用于辨别红绿色盲。

20 构成 Composition

○ **将零散的视觉元素排列组合在一起形成一个整体。**

室内设计中的“构成”是指将元素进行巧妙布置，组成多个动态或静态序列，从而形成的整体空间效果。

正如设计中考虑的比例问题一样，有关构成的想法也很难量化，因其往往极具主观性，交织着各种思想和观念的影响。有些设计师可能偏好极简主义框架，而有些设计师则喜欢复杂的构成形式。此外，构成元素可能受位置和主题的影响，呈现截然不同的效果。例如，一把索耐特椅放在咖啡厅里恰到好处，但放在宽敞大堂里就会显得格格不入。

构成不是一件简单的事情。在室内排列元素困难且复杂：别出心裁的布置会让人欢欣鼓舞，循规蹈矩的陈列会让人静心沉思。每个项目都有自己的构造需求，设计师可以借助元素配置来表达自己的情感。

⬇ 荷兰画家彼埃·蒙德里安（Piet Mondrian）创作的《构成》（1916年）中，简单的几何元素及重复使用的三原色和黑色，共同组成了一幅耐人寻味的画面。

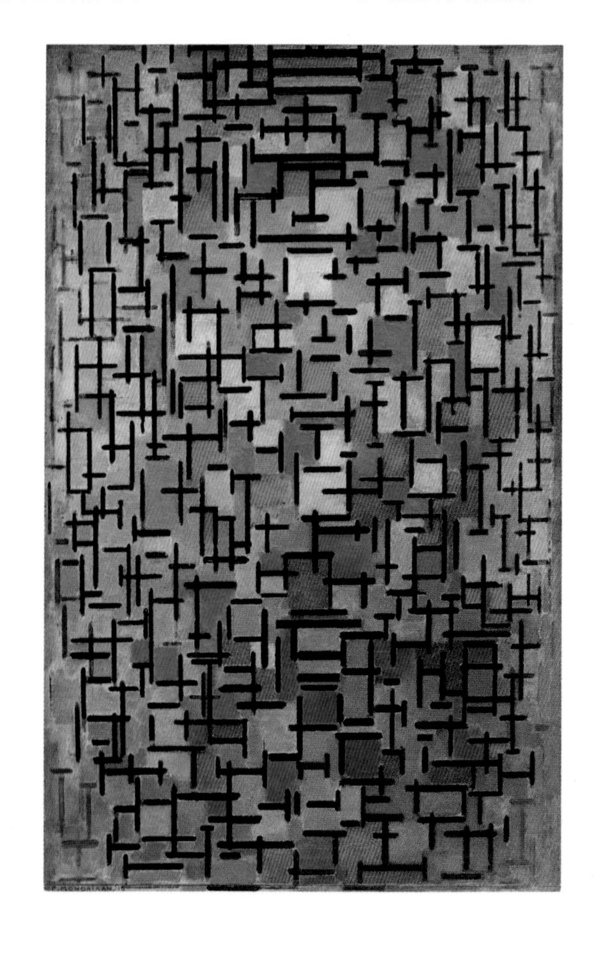

⬆ 位于法国巴黎的联合办公空间（WeWork），铺设着纳尼马奎娜（Nanimarquina）超大地毯，地毯周围陈列着艺术品和明亮的家具。
（设计师：詹姆·海恩）

⬅ 宁静系的深灰色和暖白色，配以木板墙和黄铜灯具，组成了一个和谐生动的客房立面。

21 连接 Connection

○ **一种逻辑关系、序列或关联。**

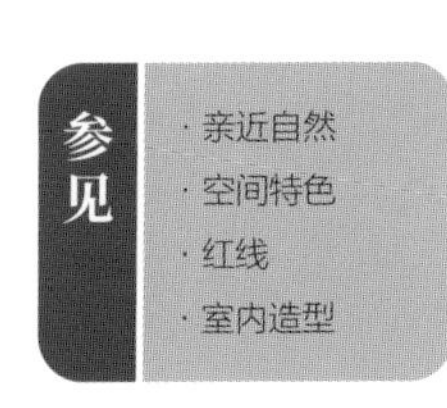

参见
· 亲近自然
· 空间特色
· 红线
· 室内造型

“连接”一词在室内设计中有多重含义。它可以指空间序列，也可以指从室外移动到室内，还可以指大堂、门厅、电梯和楼梯等便于建筑物或室内流通的过渡空间。

连接也适用于不同空间和房间之间的物理和视觉联系，它可以依靠色彩和纹理等设计元素来建立。例如，在调色时使用统一的基础色调，或在空间中采用统一的饰面和风格，便可以搭建各个房间或各件家具之间的联系，促成项目整体的连贯性。在空间中使用开放式楼梯、孔洞等物理元素，或用双层通高方式连接两个楼层，可以实现不同房间和功能区之间的良好过渡。

从更抽象的角度来说，连接也可以存在于新（现有条件）旧（原有设计）之间。通过协调既有的建筑风格，添加隔墙、陈设品和内置元素，挑选适当的材料和款式，设计师可以在不同时期和类型之间建立联系。

室内设计中另一个重要的连接是空间与自然的关系。通过添置绿植，选择自然材料，巧妙利用水景和自然光，设计师可以将室内与自然联系起来，有时候还能与户外空间联系起来。

最后，室内设计可以建立一种感官上的联系，唤起人们的记忆或情感。设计师可以借助灯光和色彩交相辉映，创造空间意境，或者通过整合各种造型元素，如照片、艺术品或纪念品等，实现情感连接。

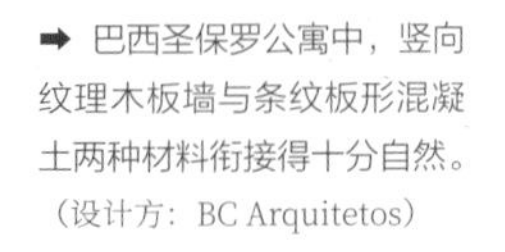
➡ 巴西圣保罗公寓中，竖向纹理木板墙与条纹板形混凝土两种材料衔接得十分自然。（设计方：BC Arquitetos）

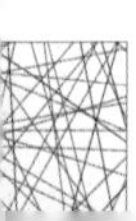

⬆ 美国波士顿某住宅用玻璃隔墙和轻钢楼梯搭建视觉通道，建立纵向连接。
（设计方：OverUnder团队）

➡ 美国波士顿科学博物馆里的植物墙是连接中庭与查尔斯河畔景观的纽带。

22 对比 Contrast

参见
- 空间特色
- 色彩理论
- 比例尺
- 形状

○ **将两个或两个以上不同的设计元素并排放置，创造出一种有趣的效果。**

对比，又称“并置”，是一项基本的设计原则。它能确保一个房间的元素吸引眼球，同时仍然保持连贯的视觉感。知道在哪里以及如何在室内设计中使用对比非常重要。对比可以让房间更具魅力或张力，在增添视觉趣味的同时，又将零散空间汇集起来，形成一个统一的整体。对比元素（下面表格中列举了其中几个）可让设计更具特色，将设计元素放在一起对比，能增强反差感，让人印象深刻。

温馨提示

鲜明的对比呈现效果是最好的，能把人的视线吸引到设计焦点上来；而无效对比则模糊了焦点，容易造成混乱。

最简单的对比手法是运用各种色彩打造具有反差的视觉效果，比如可以将不同亮度、温度、色相或强度的颜色放在一起。其他对比手法还包括使用不同的设计风格、混合不同历史时期的家具（例如将一个古董梳妆台摆放在一间现代风格的酒店客房中），或采用不同的材质等。通常情况下，设计师在设计元素并置时，会首先考虑表面或设计元素的二元对立（例如光滑对粗糙、圆形对尖形、大对小等）。

⬇ 客厅里各种材质的家具、艺术品和灯具结合在一起，形成了鲜明的视觉对比。

各种设计元素及对比

设计元素	对比效果	
	分类	对比
色彩	亮度	浅/深
	温度	暖/冷
	色相	红/绿
		黄/紫
		蓝/橙
	强度	饱和/不饱和
形状	—	有机/几何
	边缘	尖/圆
	—	直/弯
材质	粗糙/光滑	
	亮光/哑光	
	硬/软	
比例	小/大	
风格	仿古/现代	
	纯色/花纹	
	天然/人工	

⬅⬇ 加拿大多伦多的 Sunnyside 联排别墅，使用了经典的黑白对比。壁炉旁的圆形元素和餐具柜上的球形把手，与内置橱柜的直线边缘和楼梯轮廓形成了鲜明的对比。
（设计方：AAMP 工作室）

23 手工艺 Craft

参见
- 细部详图
- 家具
- 创新
- 材料

○ **一种手工制作室内装饰或设计元素的艺术手法，兼顾质量和造型。**

手工艺品是室内设计的重要组成部分。制作精良的内饰不仅能体现工匠对作品的热爱、对细节的关注，还能展示工匠的娴熟技艺，特别是拼接技巧。无论是木制扶手椅、光滑的石膏饰面，还是精细的拼接面，都是制作工艺最直观的体现。工匠要想娴熟运用某种材料或技术，需要花费毕生的精力，往往还要了解这项技术的发展历史。当前，在设计界涌现出一批设计工匠，他们和旧时的工匠一样，运用基础材料进行手工制作，有些还会借鉴数百年前的风格和技术，将设计与工艺结合起来，为工艺制作注入源源不断的灵感。

奥斯曼风格

受古代拜占庭文化、阿拉伯文化和波斯文化的影响，其地毯织品、染织艺术品和金属锻造制品（如珠宝和餐具）的设计风格以图案繁复、主题多样而闻名。

工艺美术运动

推崇工匠精神，强调材料的内在美，以自然为灵感，崇尚简洁、统一和美观。

包豪斯学派

由瓦尔特·格罗皮乌斯（Walter Gropius）于1919年在德国魏玛创立，被公认是一个“将建筑、雕塑和绘画结合成三位一体的乌托邦式的手工艺协会”，鼓励艺术家和设计师通过手工艺课程来学习制作美观的物品。

震颤派

震颤派的成员很多是心灵手巧的手艺人，以实用、简约、诚实和极简主义为指导原则。其设计的木制品大多就地取材，兼具功能和美观。

日本民艺运动

由日本艺术理论家、美学家柳宗悦于20世纪20年代发起的一场艺术运动，以“民众性工艺”为核心理念展开，强调日用品的功能性、实用性和美观性。

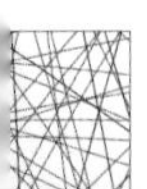

手工艺类型

- 木艺
  橱柜、家具
- 布艺
  织物、毛毯、枕头、壁挂、地毯
- 金工
  灯具、餐具
- 陶艺
  餐具
- 泥塑
  墙壁、表面、装饰元素

⬇ 美国家具公司 Corral 推出的全白橡木 10° 倒角方桌。
（设计方：Gorm 工作室）

丹麦现代设计派

于 20 世纪 50 年代兴起的一个设计流派，以功能主义的家具和建筑为特色。建筑师、家具设计师凯尔·柯林特（Kaare Klint）常被称为“丹麦现代家具之父”，他组建了哥本哈根皇家艺术学院的家具设计系。

⬇ 西班牙地毯公司纳尼马奎娜（Nanimarquina）推出的纯羊毛手工簇绒地毯。
（设计师：田村奈央）

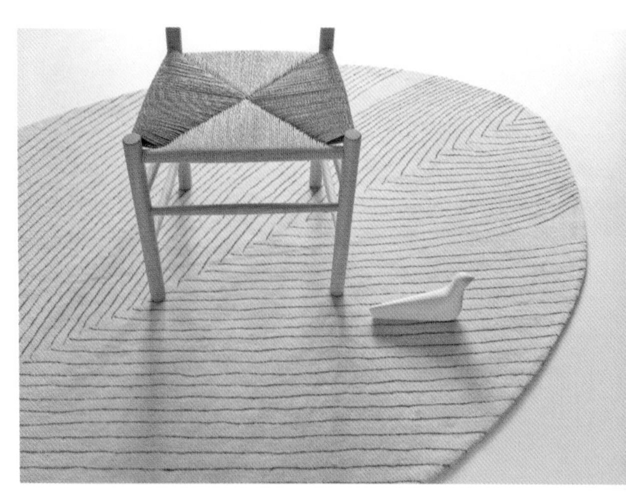

24 创造力 Creativity

○ 探索和构思新想法的能力。

虽然创造力来源于推陈出新，但室内设计师也常常会从旧事物中汲取灵感。为使设计方案更具说服力并获得成功，设计师不仅会借鉴主流的风格和品位，还会尝试新的设计思路。对设计师来说，富有创造力并不只是做一个审美上的决定。创新的表现形式新颖多样，另辟蹊径地使用某种材料，别出心裁地摆放物品，或者利用新技术来实施项目等，都可以说是一种创新方式。

富有创造力的设计师会千方百计地在项目中寻找机会，力求设计出令人耳目一新的方案，借此引领行业风尚。这将为其赢来更多的工作机会，吸引同样乐于创新、敢于冒险的客户。

从概念上看，创造力来源于调研、好奇心和敢于打破常规的开放心态。它得益于持之以恒的学习，以及广泛听取他人的意见，它还潜藏于我们身边的千姿百态之中——墙上的阴影、城市环境中的各色物品等。

⬇ 位于美国马萨诸塞州波士顿的伊索商店，四壁和柜台均采用了层层叠加的檐口造型。
（设计方：WOJR 工作室）

⬇ 位于英国伦敦斯特拉特福德的 Yardhouse 办公空间，其整个外立面都铺设了水泥瓦片，如鱼鳞状分布，色调柔和，又不失活力。（设计方：Assemble 团队）

⬆ 意大利艺术家、装饰家弗朗西斯卡 · 佐博利（Francesca Zoboli）的工作室一角。

25 深度 Depth

○ 从上到下或从前到后的距离。

参见
- ·孔洞
- ·细部详图
- ·匀称
- ·表面

对大多数项目来说，可用空间是非常重要的。但设计师可以通过深度——无论是实际深度还是隐含深度，让有限的空间看起来更大，让入口处更为醒目，或者在窗户、墙壁、地板上设置座位或休憩场所，以扩大可用空间。

深度可以通过叠加元素、使用深色系颜色或反射面来加强。将墙壁涂刷成深色，可以从视觉上拉远它与我们的距离。反射面、镜子或半透明表面可以在视觉上扩大空间面积，特别是使用发光材料或背光照明，可以形成一种空间错觉。

壁龛、凹槽、开放式橱柜和搁架都可以增加空间深度，改变地板或天花板的立面形态，为建筑体量增加意想不到的高度，也可以利用凹槽照明、泛光照明和环境照明来凸显表面深度。

⬇ 在荷兰阿姆斯特丹国立博物馆，悠长的书架走廊、挑高的拱形天花板、流动的空气、充足的自然光线，增添了空间的层次感和视觉深度。

⬅ 英国 Art Review 公司的办公室利用半透明帷幕增加墙壁的视觉深度。
（设计方：Sam Jacob 工作室）

➡ 挪威利勒哈默尔的一处住宅中设计了开放式书架和窗户，增加了房间的视觉深度。
（设计方：Sanden Hodnekvam 建筑师事务所）

26 设计流程

Design Process

○ **项目从概念产生到竣工完成的过程（或顺序）。**

参见
· 协作
· 探索
· 原型
· 规格说明

一个项目的设计流程是由一般到具体的一系列发展。最终的设计是一个迭代过程，将所有概念整合到一个整体中。

设计流程通常包含以下几个阶段：初步设计与策划、概念设计、深化设计、定价、文件编制和核验。对于一些项目来说，概念设计和深化设计这两个阶段是合并在一起的；而有些项目则需要在投入使用一段时间后进行“使用后评价”，以衡量项目是否成功。

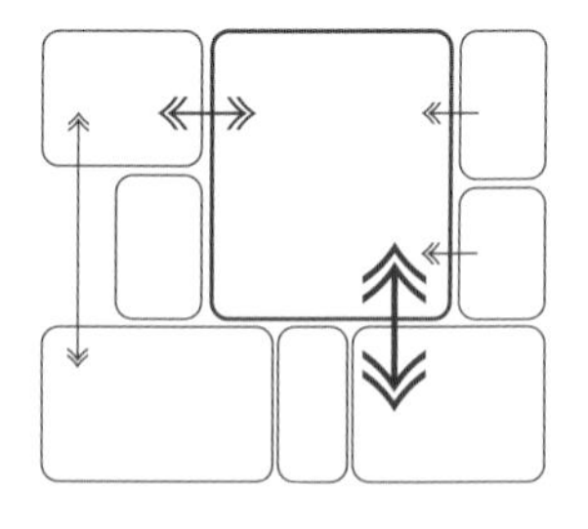

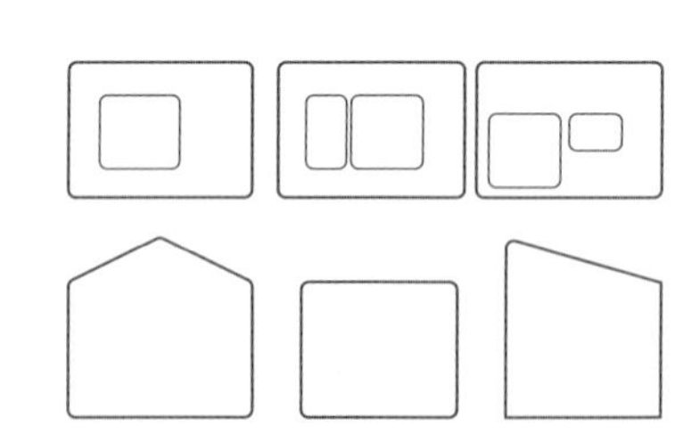

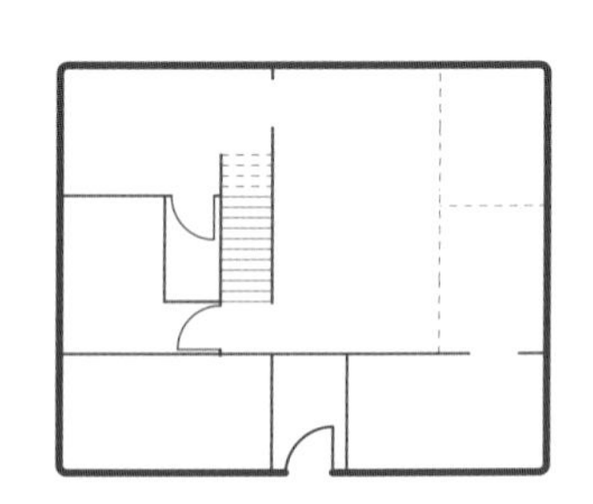

初步设计与策划

在这一阶段，设计师将确定、分析并记录客户的需求和目标，通常会制作一份列表，列出各功能空间的大小、邻接关系和序列。随后，该文件会成为评估所有最终设计解决方案的基础。

概念设计

这是设计过程中充满变数的一个阶段。在这一阶段，设计师将提出多种方案，并对照项目策划对方案进行一一评估。设计师可提供情绪板、先例图、原始平面图和体量测算结果供客户参考，最终由客户确定一个设计方案。

深化设计

在所有重大决定都做好之后，设计师就可以开始集中设计了。在这一阶段，设计师将确定所有设计元素，包括所有房间和开放式空间的布局，墙壁、窗户、地板和天花板的处理，陈设品、固件和木制品的摆放，颜色、饰面和硬件的选择，以及照明系统、电气系统和通信系统的使用等。

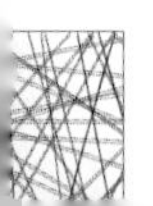

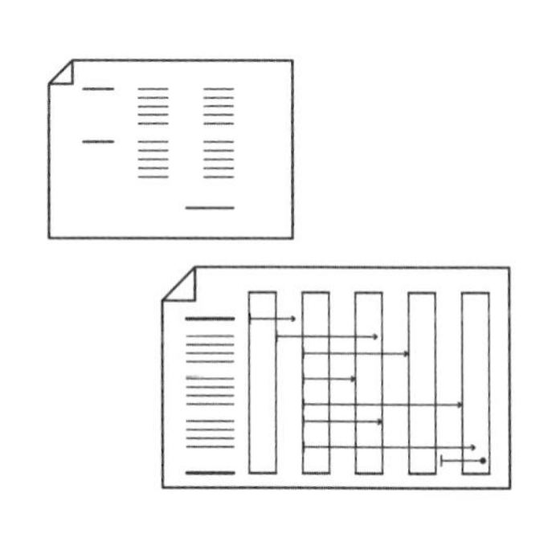

确定费用

在这一阶段，设计师将在顾问的协助下确定项目费用，确保项目符合客户预算。

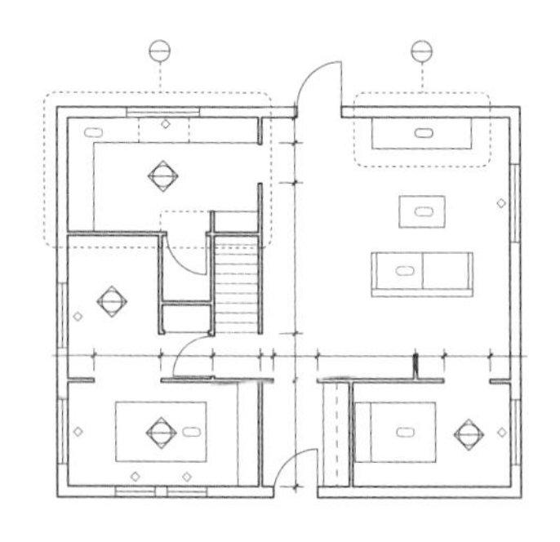

文件编制

在施工前，设计师应绘制施工图、细部详图和规格说明，确定非承重墙体的施工方法以及材料、饰面、陈设品、固件和设备的安装方法。

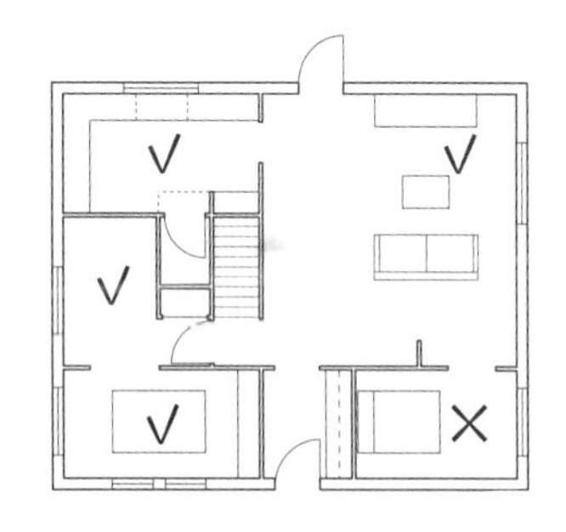

核验

管理合同文件。作为客户代表，设计师应核准施工图（如描述内置柜等设计元素，并确认样品），并在施工期间经常到访施工现场，以确保项目按照图纸文件等施工建造。

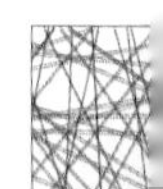

27 细部详图 Detail

○ **描绘材料连接细节的文件。**

室内设计中的“细部”是指项目中较小的设计元素。对一些设计师来说，它意味着材料之间的相互连接，而对另一些设计师来说，它意味着在设计中加入图案和织物等元素。设计师通过细部将室内空间汇聚成一个和谐统一的整体。

设计师有义务将细部详情告知制造商和承包商，向他们说明材料的连接方法，解释项目的容差范围（即测量精确度）。这些细微的设计可能不会很快地被用户或业主察觉，但如果运用得当，它们迟早会显露出精妙之处。关注细节的设计师不拘泥于物品的常规用法，比如，为石膏墙量身定制一个特别的形状，或者别出心裁地使用新材料以提升设计质感。

为使项目圆满完工，设计师需要花费大量的时间和精力。在此过程中，需要协调各阶段的工作，将图纸付诸实践，以呈现出建筑形式的空间。

以下是设计中需要使用细部详图的若干元素，供大家参考。

⬇ 拼接墙、工艺品、灯具和家具共同打造出了一个细节考究、光线充足的餐厅。

技术元素

与制作工艺相关的元素。比如墙体类型和组件、木制品和细木工方法、物品标准高度、孔洞尺寸、材料使用方法（组合式地板）、照明集成方法、门及材料过渡等。

美学元素

提升空间视觉效果和质感的元素。比如瓷砖和地板纹样、室内装饰类型、窗饰、饰面类型、材料透明度、反射元素、特色照明元素等。

装饰元素

非必须元素。比如家具、工艺品、书籍等装饰品，强调空间细节的某些灯具也属于此类。

⬅ 对细节的极致追求和与承包商的完美配合，可以将项目品质提升到一个新的高度。加拿大不列颠哥伦比亚省的海布里奇住宅便是这一要义的充分体现。
（设计方：Splyce 设计工作室）

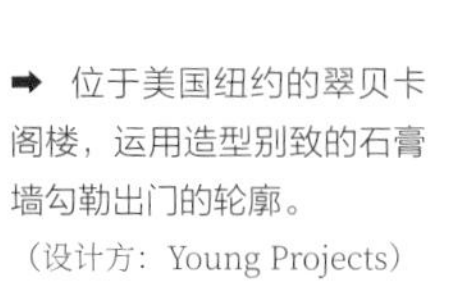

➡ 位于美国纽约的翠贝卡阁楼，运用造型别致的石膏墙勾勒出门的轮廓。
（设计方：Young Projects）

28 探索 Discovery

○ **在设计流程最初阶段设计师与客户之间的交流。**

探索是一个设计项目的初始阶段。在此阶段，室内设计师要试图了解客户或客户团队对项目的需求、态度和意见。设计师收集、整理和汇总需要的数据，以便制定空间规划和绘制草图，并千方百计地探知客户的想法和需求。探索的形式包括：策划、会议、与利益相关方召开小组会议；绘制草图，确定项目范围和空间邻接关系；创建基准目标，设想项目的预期成果或产物。这是一个需要设计团队和客户共同参与的重要阶段，需要多次召开会议进行深入探讨，才能确定概念形成的最终目标。

在这一阶段，另一件重要的事情是对项目的现有状况进行评估。设计师收集并审查现有资料，通过现场调研评估项目现状，以此判断空间或建筑物发展拟议项目的可行性。在某些情况下，建议设计师与承包商、施工管理公司或业主的项目经理接洽。这些人员将充当设计师与客户之间的沟通桥梁，确保预算、进度表等事项在项目初期得到妥善考虑。

探索的结果将作为下一工作阶段的基础，并成为衡量项目目标的基准。在某些情况下，设计师将以文件形式（如报告或指南）向客户团队汇报探索结果。

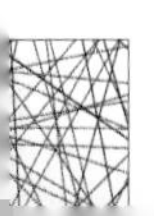

⬆ 美国马萨诸塞州剑桥市IDEO公司的办公室，由停车场改造而成，内有多个不同类型的办公空间，可灵活机动地安排不同主题的活动。（设计方：Hacin、Associates工作室）

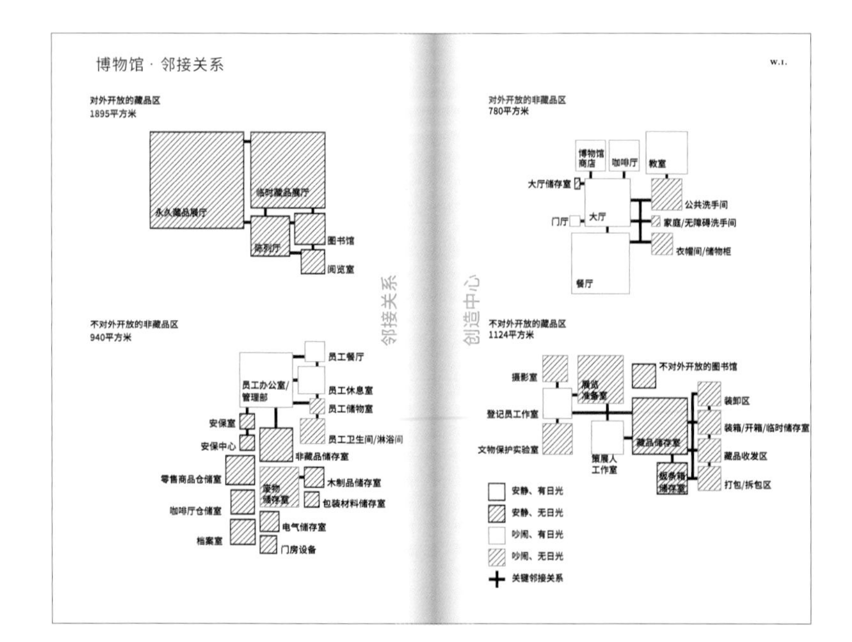

➡ 调查项目需求包括详细了解客户需要、明确空间分配和邻接关系。

29 耐久性 Durability

○ **将空间设计得在使用状况或价值方面的质量不会显著下降。**

物品的耐久性通常由使用价值、寿命和效用来衡量，但也要考虑它的维护难度和环境影响，因为这些因素关系到公用设施和费用等方面的决策。材料的选择对于项目的质量来说至关重要，设计师应根据材料在日常使用时的耐受程度进行选择。

近期兴起的“情感耐久性设计”，描述的是一种可持续的设计方法，旨在通过提高产品可靠性和功能性来降低自然资源的消耗和浪费。基于人们的使用行为，能够唤起人们的情感共鸣，同时又经久耐用，且消耗较少的材料，往往能够得到人们长期的青睐。

室内设计师对材料、家具和饰面的选择会影响环境，并对空间使用者产生积极的作用。经研究、测试后挑选出的耐用材料，可以大大提高项目的美观度和舒适度，也经得起时间的考验。

⬇ 医院、卫生院等医疗机构对使用材料的卫生性和耐久性有较高的标准和要求。这是专为医疗机构设计的办公座椅，表面坚固、耐用、易清洁，兼具科技感和灵活性。
（出品方：Steelcase 家具公司）

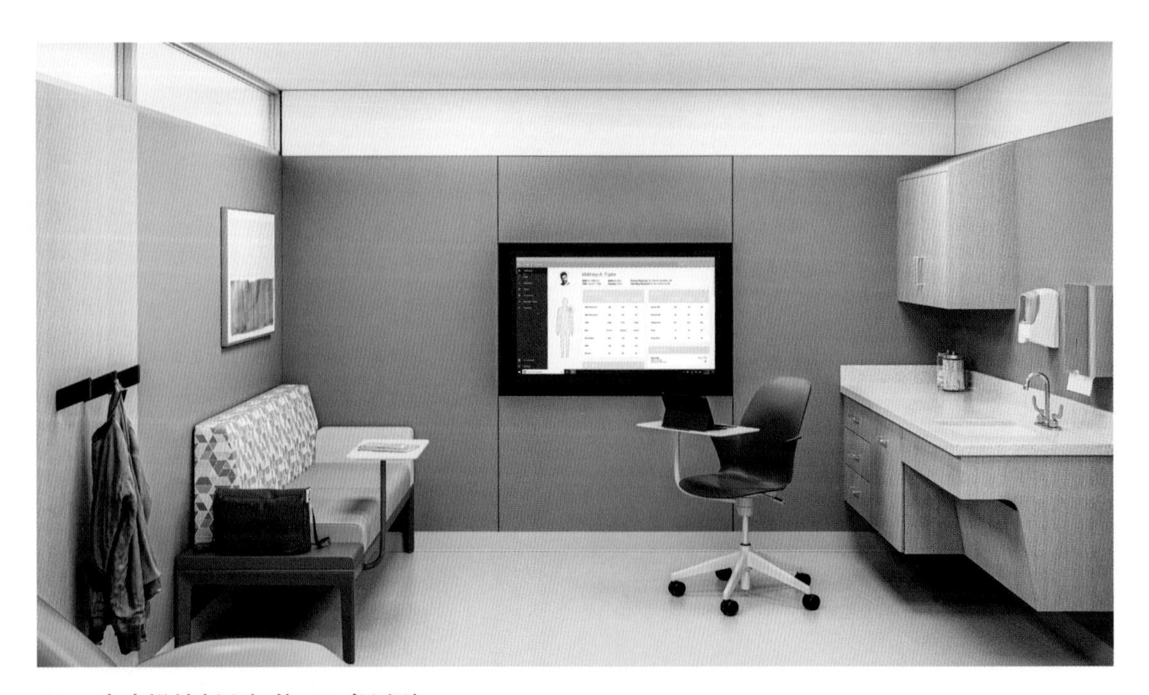

地面

在室内最易受到影响和磨损的表面是地面。挑选地面材料时不仅要考虑其用途和类型，还要考虑它是否需要修复，以及它的抗划防污性和使用弹性如何。地面材料的种类包括橡胶、人造革（乙烯基化学品）、瓷砖、油毡和水磨石等，有时地毯（宽幅或小块）也可算在其中。

家具装饰

使用经久耐用、性能卓越的织物可以大大延长家具的使用寿命。所有织物都必须通过严格测试，基于清洁性、延展性和耐磨性（可查看“往复摩擦”）以及接近自然光源的染色牢度对材料进行评估。

墙面

易磕碰区域的墙面应进行适当保护，以防墙面破损，留下永久印记。石材、高密度木材等固体材料很少需要维护，而石膏墙需要定期整修，才能经久耐用。一般来说，低 VOC 涂料和人造革墙布的价格较低，防护性较好的高性能涂层则可以提供抗菌保护。

硬面

用于木制品、柜台、内置架和其他元素的材料。天然石材、陶瓷、塑料层压板和固体表面材料易于维护，耐用性较好。在选择硬面材料时，应确认其抗冲击性，以及是否适合水平或垂直应用。

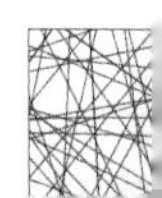

30 疏散通道 Egress

○ **引导人员向外疏散的通道或安全出口。**

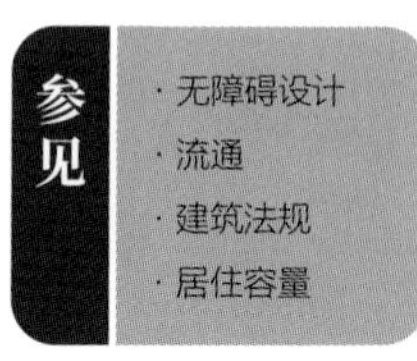

参见
· 无障碍设计
· 流通
· 建筑法规
· 居住容量

建筑物安全疏散管理规范和标准门类复杂，具体视建筑物、分区或房间的用途而定。疏散通道或安全出口规范是建筑法规中保障居住者安全的重要一项。

有关此方面的要求包括（但不限于）：根据出口数量确定最大人员荷载；根据最大人员荷载确定门翼运行方向（通常是朝外开）；门上安装太平门闩；确定自动喷水灭火装置的安装位置和所需数量；要求安全出口与疏散通道或楼梯井直接相邻（而不是隔着邻接空间）；根据人员荷载计算安全出口的尺寸；安装安全出入口标志，以及安装安全出口夜光指示牌。

其中一些计算事项不属于室内设计师的职责范围，因此可聘请法规顾问提供专业服务。然而，设计师仍应了解必要的预防措施及其对空间设计的影响。

温馨提示

在居住者入住之前，须按照当地建筑法规，在醒目位置安装安全出口标志。

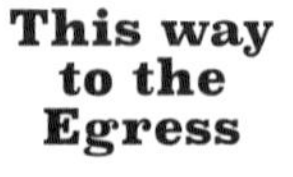

前往出口

⬅ 美国巴纳姆博物馆里面的人总是熙熙攘攘。于是，巴纳姆贴上了“前往出口”的标识牌，就像“前往小丑表演”的标识牌一样，把人们引向出口方向。出口在观众出去后紧闭，需要他们支付另一张门票才能重新进入。巴纳姆就是这样利用标识牌成为他赚钱的一个“小花招”。（建造方：美国“马戏团之王”巴纳姆）

⬇ 在某些情况下（例如在礼堂，人们通过门厅出去），可以通过邻室疏散人流。对于设有固定座位的房间（如礼堂），其人员数量不得超过固定座位的数量，有时还要将存放在指定区域的轮椅数量考虑在内，舞台或讲台的人员数量应与座位区分开计算。

31 强调 Emphasis

○ **突出兴趣中心点或构图的焦点。**

参见
· 对齐
· 构成
· 和谐
· 摆放

如果增强说话的语气，就表明我们想要听众特别留意某个词语或语句。同样，在室内设计中，我们使用强调手法将观者的注意力吸引到某个设计元素上来——比如空间里的一件物品、墙上的一个装饰元素，或者室内的一盏灯。使用强调手法可以让观者的视线稍作停留，引导居住者在空间之间穿梭，减弱或加强房间的声学效果。

强调是室内设计中的一个重要方法。通过突出房间的焦点，设计师可以将观者的注意力吸引到一个特定的位置。没有焦点的空间是零碎分散的，不是和谐统一的。

设计师可以使用的强调方法有两种，通过巧妙布置或设计元素来强调。

通过巧妙布置来强调

此方法因项目类别而异，零售店可能会强调品牌标识、产品或服务台，而商务办公楼可能会强调门厅或引领用户前往会议室、活动室的元素。在家里，工艺品、一面大窗户或双层通高空间可以起到焦点的作用。

通过设计元素来强调

设计师可以通过对比色、聚光、高亮、纹理或图案将观者的视线聚集在焦点处。让视线透过画廊门洞欣赏画作，或者使用马赛克瓷砖铺设墙面等手法，可以叠加多种元素，以起到强调的作用。为私密空间装上软质内衬，可以隔绝噪声，让人安心休息。

强调可以分为以下几种类型：

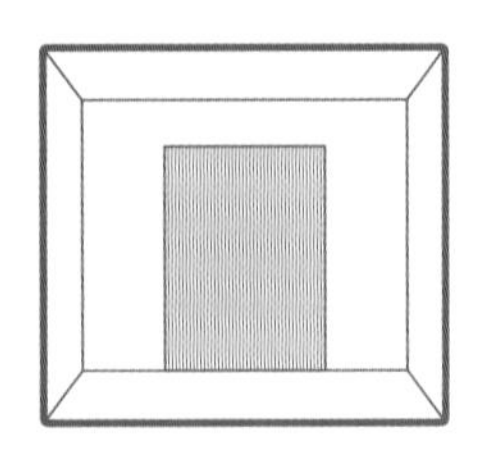

显著型

以大自然或建筑物为焦点，其特点是显而易见。

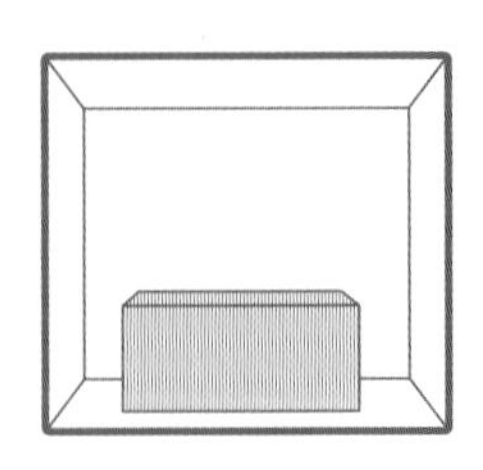

主导型

在空间中占绝对主导地位的元素。

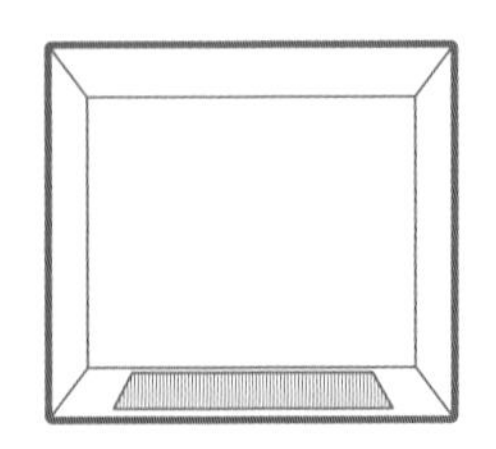

次要型

较小元素，如地毯、窗帘和摆放在正中位置的家具。

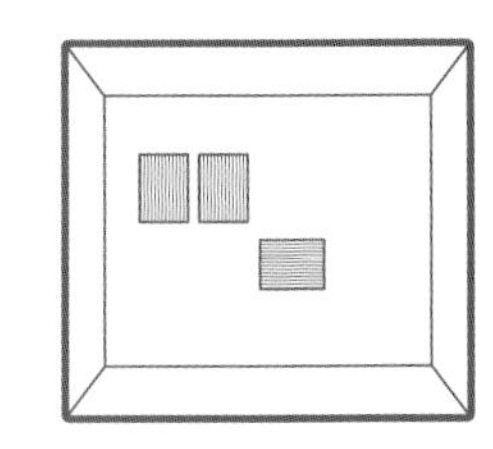

附属型

包括配件和小件装饰品。

⬆ 位于意大利比耶拉的 Teca House，这座住宅内部巧妙地摆放了低矮的家具，从而使大面积玻璃幕墙和窗外的重峦叠嶂成为视觉焦点。

（设计方: Federico Delrosso团队）

⬅ Farmer's Fridge 公司总部悬挂了一盏由 30 根宜家吊坠组成的枝形吊灯，成为空间中最引人注意的重心。

（设计师：库查尔）

32 人体工程学 Ergonomic

○ **研究人体如何有效地使用空间。**

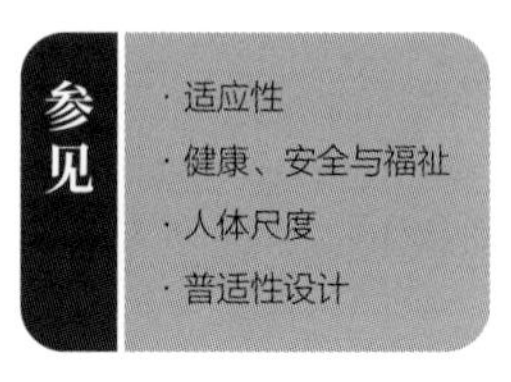
参见
· 适应性
· 健康、安全与福祉
· 人体尺度
· 普适性设计

人体工程学在英语中的“ergonomic”一词来源于希腊语中的“ergon”（意指工作）和“noms”（意指规律）。人体工程学设计是指通过设计空间和家具的联系，减少工作与人体之间的不相容性。

人体工程学的主要研究领域集中在工作场所。对于大部分“上班族”来说，每天约有 1/3 的时间是在办公室度过的，因此，根据员工需要来调整工作场所显得至关重要。要想健康长寿，预防肌肉骨骼疾病和肢体重复性劳损是关键，人体工程学可以有效地预防肌肉过度紧张，减少由于重复性工作带来的身体不适。

人体工程学建立在人体测量学的基础上。人体测量学是指对人体的各种物理特性进行测量，特别是人体尺寸和形状。此理论认同人人生而不同，每个人各有所长，也各有局限。

将人体工程学运用到工作场所中，能够提高工作效率，提升产品质量，增加员工参与度，促进心理健康和培育安全文化。

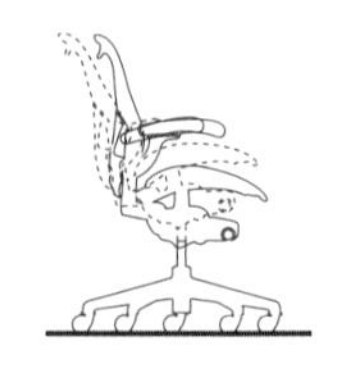

办公座椅

减少身体不适，增加灵活性。

⬅ 家具品牌赫曼米勒（Herman Miller）推出的Aeron座椅，自1994年问世以来，以其斜仰的靠背、贴合形体的织物纤维网、可调节高度的坐垫和符合人体工程学的腰椎支撑而闻名海内外。（设计师：唐·查德威克、比尔·斯腾普夫）

人体工程学产品的功能与优点

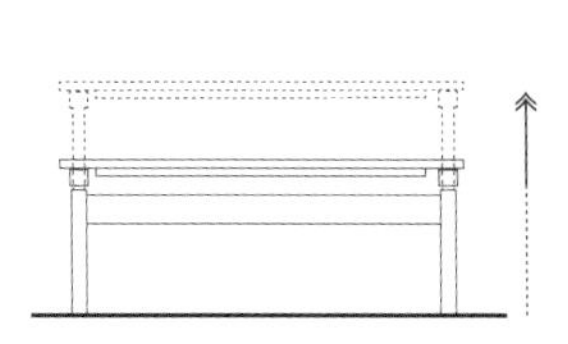

高度可调桌

支持灵活的办公形式，通过站立减少脊柱压力。

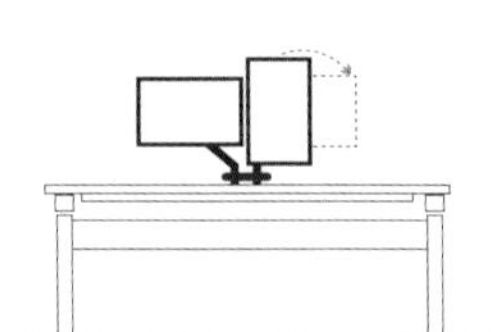

技术配件

显示器支架支持灵活的工作设置，预防眼睛疲劳、减少肌肉损伤风险。

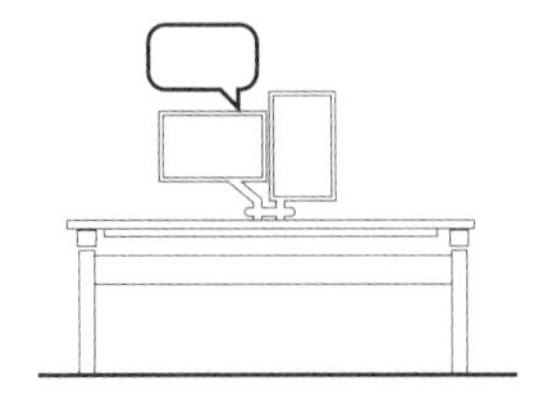

行为技术

使用行为学分析软件，鼓励多运动、放松眼睛、多行走、多变换姿势。

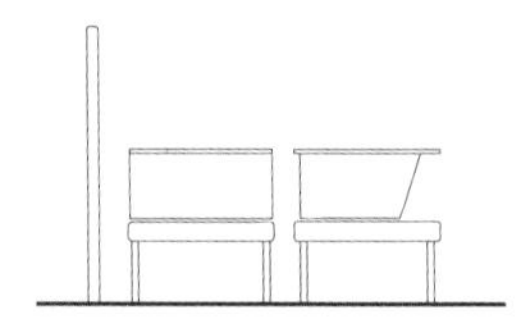

可调式多功能家具

支持并应用不断变化的技术，灵活多变，可适应人体各种姿势。

33 饰面 Finishes

○ **设计项目的装饰完成面或表面的细节层次。**

参见
· 手工艺
· 细部详图
· 材料
· 表面

饰面在室内随处可见。当你进入房间时，手边推开的门、脚下踩的柔软地毯、日光下的耀眼镜子，都是饰面。我们通过触觉、视觉、听觉和嗅觉来感受饰面，层层感觉叠加起来，共同营造了我们对空间的体验。

饰面不是一成不变的，它会随时间流逝而磨损变色——金属铜会氧化发绿，栏杆变得油光发亮，皮革会发软变形。英国建筑师艾莉森（Alison）和彼得·史密森（Peter Smithson）将其称为“居住的艺术”：在居住环境中，饰面和居住者一同老去。正如莫森·莫斯塔法维（Mohsen Mostafavi）和大卫·莱瑟巴罗（David Leatherbarrow）在合著的《持续风化：时光中的建筑生命》（*On Weathering The Life of Buildings in Time*）一书中所描述的那样：“饰面是建造的终结，而气候塑造了饰面。”

室内的饰面不会因气候变化而迅速腐朽，而是在使用、磨损和冷热交替中不断适应和变化。从本质上讲，室内饰面的老化赋予了空间别样的气质，它会在某一时刻提醒居住者对空间进行翻新和改建。

参考资料

《持续风化：时光中的建筑生命》，作者莫森·莫斯塔法维、大卫·莱瑟巴罗，麻省理工学院出版社出版，1993年。

⬇ 位于美国纽约苏荷区的一套仓改公寓，保留了仓库原有的铜柱，搭配同质感的饰面，呈现出古朴雅致、历久弥坚的气韵。
（设计方：BC-OA建筑事务所）

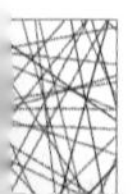

⬅ Beats 公司总部，各种饰面与塔西里地毯相得益彰，其中地毯是由甘鲁格斯（Gan Rugs）地毯公司出品的。
（建筑设计方：Bestor 建筑事务所；地毯设计师：桑德拉·菲格罗拉）

⬇ 木墙经天然老化愈显光泽，赋予了空间温润细腻的质感和纹理。

34 形式 Form

○ **物体或空间所呈现的形状。**

室内设计中的“形式”是指人们所感知到的房间及房间内物体或元素（如家具、灯具或内置元件）的形状。凡具有高度、宽度和深度的物体，都可以被认为是形式。

室内设计中的形式主要有两类。

几何：即自然界中不存在的形态，属人为形态，通常借助于线条和边缘表现。有些几何物体由曲线和圆形构成，这类形状显得更加柔和、放松。几何形状中的柏拉图立体包括立方体、圆柱体和球体。

自然：即有机体（如花草树木）自然存在的形状，或者受自然的启发、影响而衍生出的图案或形状。

设计师必须充分认识空间的比例和大小，仔细思量空间内可以摆放的物体形式。形状或尺寸相仿的物品叠加，可以增添和谐、平衡的美感；而太多形式各异的物品叠加，会让人眼花缭乱。通常情况下，以某种主要形式表现空间里的多样物体，会更加令人赏心悦目。

⬇ “Fog x FLO”艺术展为波士顿翡翠项链保护协会的规则几何体办公室注入了让空间更显丰富的曲线。（策划方：BOS|UA 建筑设计公司）

←↑ 弗兰克·劳埃德·赖特（Frank Lloyd Wright） 于1959年设计的美国纽约古根海姆博物馆，外观借用了有机形式中的圆柱体——直径上长下短，其展品沿螺旋状坡道陈列，给人与众不同的观赏体验。

35 功能 Function

○ 空间或环境的预期用途。

“形式追随功能”这一设计原则是由芝加哥学派建筑师路易斯·沙利文（Louis Sullivan）提出的。1896年，沙利文在《高层办公大楼在艺术方面的考虑》（*The Tall Office Building Artistically Considered*）一文中率先提出这一概念，自此之后，此概念便成了设计界的至理名言。在实际运用中，它要求设计师将空间用途视作设计开发的决定因素。在设计摩天大楼这一新型建筑时，沙利文以功能为先，讲究项目的效率和一致性，据此确定结构的形式或形状。

传统上认为室内设计与美学息息相关，而功能常被误认为与美学格格不入。随着时代的发展，以功能为先的设计方法日益显示出它的重要性。从本质上讲，它能合理精简房间和聚集空间，有效邻接各功能区，最大限度地减少不必要的流通和空间浪费。它将无关紧要的装饰搁置一边，优先考虑空间功能与类型。

由于城市空间有限，同一空间兼具多种用途的情况时有发生，这就要求设计师在设计时别出心裁，从较长的时间维度上考虑空间用途，得出令人信服的设计方案。

⬇ 由建筑师理查德·罗杰斯（Richard Rogers）设计的韩国首尔现代百货大楼，典型的百货商店元素层出不穷，空间功能一目了然。

⬆ 礼堂的形状由礼堂内进行的表演或讲座决定。

⬅ 这间位于美国马萨诸塞州萨默维尔小卖铺，利用多功能墙和可移动元素实现了空间用途最大化。（设计方：Loyal Union）

36 家具 Furniture

○ **设计中具有一定功能的可移动元素。**

室内设计师最好能熟谙家具历史，对经典家具如数家珍，家具堪称室内设计师的制胜法宝。有关家具的定义，偏学术性的一种说法是，它是维持人类室内活动所需的器具。

在选择桌、椅、床、柜等家具时，可以从纯功能的角度考虑，也可以从美学和装饰的角度考虑，无怪乎家具会成为设计项目中最重要的元素之一。家具可以被用于满足用户的相应需求，也可以被当作赏心悦目、引人驻足的特色符号。

从古埃及、古希腊和古罗马的家具雏形，到中国、印度和日本的手工艺品，家具成了身份和地位的象征。尤以座椅为例，它象征着无上的权力(如权力宝座或“坐次之列，长者居上”等说法)。其他一些装饰性和应用性元素则充当叙事手段，用以彰显重要的历史和显赫的地位。

在20世纪，家具成为激进功能主义者的“武器”，成为探索新材料的试验品，也成为千奇百怪、五彩缤纷的形式载体。从包豪斯学派的早期实验，到伊姆斯夫妇在第二次世界大战后对胶合板的使用，再到商用家具市场的日渐兴起——诸如世楷(Steelcase)和赫曼米勒(Herman Miller)等家具公司纷纷创立、意大利设计与建筑集团孟菲斯的崭露头角、平板电脑和宜家产品的走俏等，如今世界各地大型家具展览会日益蓬勃发展，人们借家具来表达自己的意愿日趋强烈。

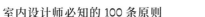

➡ 清代拔步床。

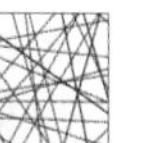

← 格里特·里特维尔德（Gerrit Rietveld）设计的红蓝椅（1917年）。

⬇ 查尔斯·伊姆斯（Charles Eames）设计的腿夹板（1941—1942年）。

← 苏格兰奥克尼岛发现的一处石屋（前3180年—前2500年），内有石材搭建的储物架。

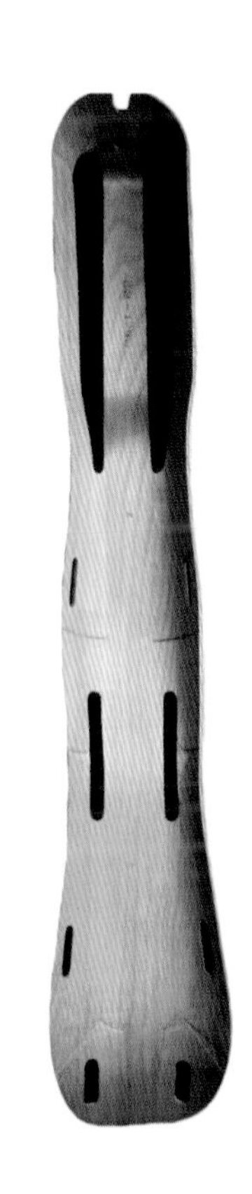

← 埃及藤编座椅（前1492年—前1473年）。

← 空间中陈列着数件由设计师赫拉·简格瑞斯（Hella Jongerius）设计的家具，比如“伊斯特河（East River）”扶手椅（2014年）。

37 几何学 Geometry

○ **有关点、线、角、面和立体的度量、属性及相互关系的学科。**

几何学在英语中的“geometry”一词来源于古希腊语词根“geo”（意指土地）和“metron”（意指度量），它是数学中最古老的分支之一。几何学在室内设计中的应用，主要涉及空间属性，如物体或图形之间的距离、形状、大小和位置等。几何学也同样应用于艺术、建筑和平面设计等领域。

数学，特别是几何学，在室内设计中发挥着重要作用。它是设计师需要掌握的几大技能的基础：计算空间面积，确定地板、窗帘和室内装饰等材料；了解空间体量和三维属性，即宽度、高度和深度；测量元素尺寸，根据角度判断元素关系；协调花纹图案，确定空间主题；规划空间，布局房间；基于每种元素的大小和形状，布置家具和装饰品。

柏拉图立体

柏拉图立体是由正多边形构成的凸多面体，其各面都是全等的正多边形，且每个顶点所接的面数都一样，各相邻面所构成的二面角都相等。柏拉图立体只有五种，即正四面体、正六面体、正八面体、正十二面体和正二十面体。

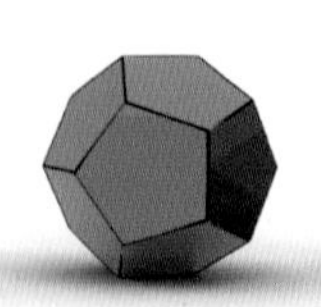
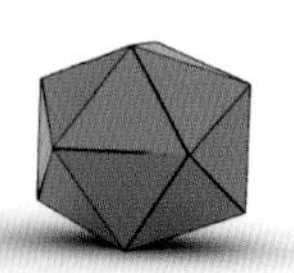

正四面体　正六面体　正八面体　正十二面体　正二十面体

⬇ 美国设计公司Corral推出的“封闭容器（Keep Vessel）”桌几，利用扭转的几何图形打造出别致的造型。
（设计师：凯利·哈里斯·史密斯）

⬆ 在摩洛哥的萨第安墓里，到处可见复杂多样的几何学建筑形式。

38 渐变 Gradation

○ **通过大小、纹理或色彩的渐次变化带动视线移动或创造透视感。**

参见
- · 色彩理论
- · 饰面
- · 单色
- · 表面

渐变在英语中的“gradation”一词源自拉丁语“gradus”，意即“步”和“级”。与室内设计中的韵律一样，一系列元素的渐次变化也可以带动视线移动。

室内设计中使用最多的 3 种渐变是大小、色彩和纹理。

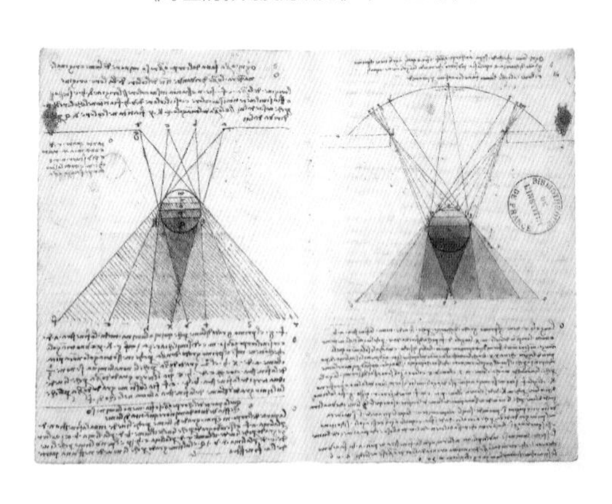

⬇ 列奥纳多 · 达 · 芬奇（Leonardo Da Vinci）的《球上阴影刻度的研究》（1492 年）。

⬇ 保罗 · 克利（Paul Klee）的《三座房子》（1922 年），是在纸上画的水彩画，使用了蓝、绿、紫三色渐变。

大小渐变

也许理解大小渐变最简单的方法是将物体从小到大排列起来，这种大小变化随即会带动视线移动。大小渐变可以借助不同大小和位置的家具、有图案的织物甚至灯具来表现。巧妙地设定物品（如灯具或装饰品）之间的距离，也能起到大小渐变和带动视线移动的效果。

色彩渐变

色彩渐变可以是一种颜色的明暗渐次变化，也可以是从一种颜色过渡到另一种颜色的色彩变化。例如，从红色渐变到蓝色，也包含重叠时产生的紫色。

纹理渐变

纹理渐变并不是那么显而易见，它可以通过饰面从亚光到亮光，或质感从光滑到粗糙的变化来体现。

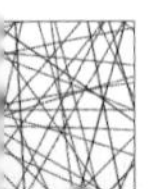

←↑ 荷兰室内设计公司 i29 在对阿姆斯特丹的菲利克斯·梅里蒂斯（Felix Meritis）历史古迹进行翻新时，别出心裁地使用了色彩渐变，每个空间的设计都参考了特定时期的颜色和材料。

39 网格 Grid

○ **多条直线两两正交所形成的结构。**

参见
· 对齐
· 构成
· 强调
· 层次

网格是一种重要的元素组织形式，设计师可以用它来度量元素大小，设定元素位置，规划元素布局。网格还能影响空间大小，将零散的小件物品组合起来放进网格里，可以让空间看起来更加井然有序，为设计添加更多的视觉享受和触觉趣味。

室内墙壁覆盖物经常被设计成网格形状，而很多地板覆盖物也会呈现大小不一的网格形状，铺设起来更加方便。

立体网格具有物理深度。许多建筑结构体系都采用了网格设计，便于安置空间设备。井式楼板是一种混凝土结构体系，可以显示墙体的搭建方式及下方元素的排列方式，大型格栅吊顶也可以起到类似作用。

开放式橱柜和细长元素也能影响墙面观感，而幕墙嵌板则使用网格来协调造型。

⬇ 藤本壮介于 2013 年打造的蛇形画廊展亭是一个由白色钢管搭建的精美三维网格结构。

⬆ 书架是很好的展现网格造型的例子，丹麦家具品牌蒙塔纳（Montana）推出的此款书架，利用别致的分格凸显网格趣味。

⬅ 加拿大温哥华的一处住宅中，打造了一个两层通高的书架，将两个楼层连为一体。（设计方：Rafael Santa Ana 建筑工作室）

40 和谐 Harmony

○ **空间里的各部分搭配融洽，具有美感。**

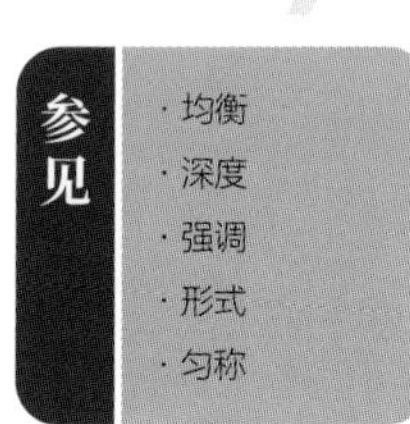

在音乐理论中，“和声”是指音调、节奏或和弦同时发声所形成的合音，以及听众通过聆听这些声音做出的反应。与和声一样，室内设计中的“和谐”是指空间里的所有元素有机结合起来，为居住者带来赏心悦目的体验。设计师借助和谐手法调动用户的感官，帮助他们理解空间是一个统一的整体，各种元素共同作用才能创造出安心舒适的室内环境。

设计师可以借助色彩来营造和谐，即使用单色或不同色相、明度的色彩，让空间里的陈设品和物品相得益彰，打造一个和谐统一的空间。也可以借助声音来创造和谐，即利用空间里的有源声音形成氛围音乐，或者通过纺织品和隔声板来阻隔或消减混响。触感也能起到营造和谐的作用，但不是那么容易被察觉。在设计中多用软质材料，消除轮廓鲜明的边线，可以让空间变得更加流畅。

除此之外，设计师还可以利用家具、配饰等元素，依靠形状、大小、位置、纹理和韵律，共同打造和谐融洽的空间环境。

需要注意的是，在空间造型中反复使用单一元素可能会显得单调。因此，设计师应该仔细考虑元素的位置，借助物体或材料表面的细微变化引起情感共鸣，防止和谐变成单调。

⬆ 图示为波士顿的一处住宅，位于房间中央的餐桌与上方的灯具相呼应，靠墙摆放的餐具橱，以及对称张贴的挂画，共同构成了一幅和谐的画面。
（设计师：杰西卡·克莱因）

⬅ 不对称设置的 RBW 灯具、古朴的隔声墙板以及柔和的座席曲线，共同打造出这一静谧祥和的餐厅角落。

41 健康、安全与福祉

○ **实施安全的设计方案，预防故障、破损或事故隐患。**

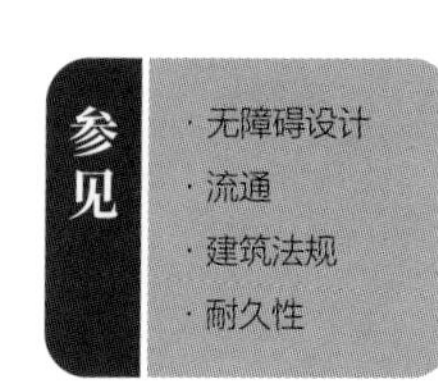

参见
· 无障碍设计
· 流通
· 建筑法规
· 耐久性

现代建筑旨在为人们提供安全、健康、舒适的生活和工作环境。然而，无论是设计还是维护方面，都有可能出现职业疾病、空气质量与流通问题、意外事故、接触有害物质等风险。为确保居住者的安全和健康，室内设计师应与建筑师、工程师和物业公司通力合作，落实可行的设计方案，维护安全的空间环境。就商业空间而言，通常采用建筑或空间操作维护手册的形式。而住宅空间，后期一般由用户承担起建筑或空间的维护责任。

健康安全的保障范围现在已扩展至用户身心健康和地方生态健康。

“健康、安全与福祉”问题应落实于设计的各个阶段，贯穿于项目从策划到施工的整个周期。其中包括空间维护、翻新和保养，以及建筑材料和废弃物的处理等方面。设计师应确保遵守市政工程建设法规，按照环保部门的规定来运输和处置此类物品。

为确保建筑或空间使用者的健康、安全与福祉，室内设计师可采取以下措施：

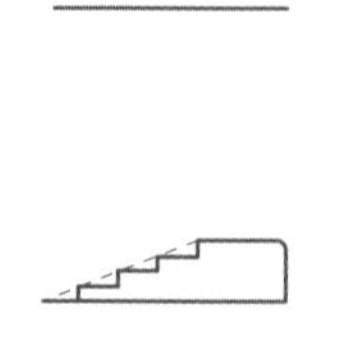
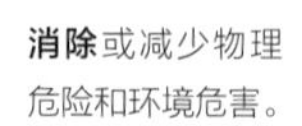

消除或减少物理危险和环境危害。

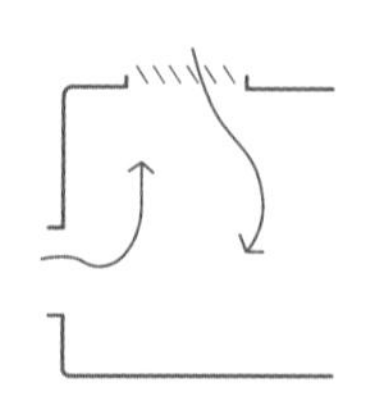

确保室内通风换气顺畅，保持良好的空气质量。

供电安全、稳定。

预防滑倒、绊倒和跌倒，预防职业疾病。

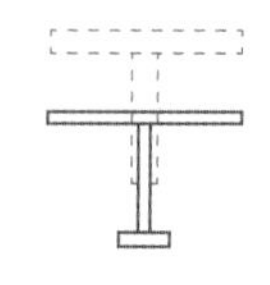

设计安全的工作空间，**安装**符合人体工程学的家具，预防工伤。

定期维护建筑安全，评估新的建筑作业是否适当。

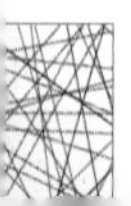

fety and Welfare

⬆ 波士顿动力公司的办公空间，利用自然采光、开放空间、对比材料和宽敞楼梯，极大地提升了员工的幸福感。
（设计方： Bergmeyer）

⬅ 在工作场所使用自然光照、绿色植物和符合人体工程学的家具，有助于员工的身心健康。

42 层次 Hierarchy

○ **根据元素的价值或它们在系统中的相对重要性，对元素进行排列。**

参见
- 强调
- 层次
- 摆放
- 匀称

参考资料

原研哉，“触觉——唤醒感官”展览。

《建筑中的触觉和视觉》（*Haptics and Vision in Architecture*），作者贾斯米恩·赫森斯（Jasmien Herssens）、安·海利根（Ann Heylignen），2008 年。

许多学科将“层次”一词归为视觉术语，但在室内设计中，它也可以被视为空间术语，从更复杂的角度来讲，它也可以描述触觉和听觉现象。

将空间层次视为视觉线索的设计师可以游刃有余地叙述空间。当你走进一个房间，无论概念上还是字面上，我们都能看到整个房间——开口和孔洞成为空气和光线进出的媒介，物品的摆设引领着视线或移动或静止，特定的颜色或光源指示着它的任务和功用。为了诠释空间用途，可以突出显示某种元素，让它变得更加醒目。

但若我们不局限于层次的视觉属性，我们会发现更多的可能性。触觉层次与我们的触感有关，材质不同，它所激发的情感或行为也不同。例如，地面或墙面材料的触感变化可以指示空间的用途变化，也可以引导视线的移动变化。

房间声音也可以被强化。我们可以通过听觉层次（如借助声学参数），来丰富我们的空间体验。有回声的房间听起来更加动感有活力，而安装隔声板和软质内衬的做法则可以调动情绪、营造氛围。

← 厨房内置角落的视觉权重与相邻材料的轻盈质感形成鲜明对比，强调了厨房的用途和功能。（设计方：Cecilia Casagrande 室内设计公司）

⬆ 图示儿童房中，颜色鲜亮的毛毡墙不仅点缀了空间，还能吸声降噪。

（设计方：OverUnder）

43 历史 History

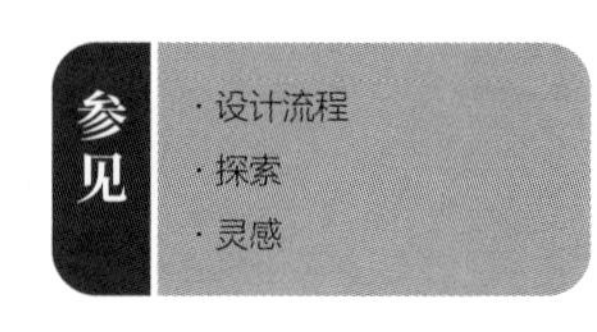

○ **研究室内设计职业的过往。**

任何职业都建立在已有的知识和发现的基础上，但我们却常常忽视过往历史对当前设计决策的影响。因此，我们有必要了解室内设计的职业化之路。

室内设计是一个新兴行业，由装饰艺术和工艺传统演化而来，“室内设计师”一词的出现不过百年。伴随行业的发展，室内设计的职能从装潢（装饰物品）转变为设计（基于空间用途和项目特色规划空间形式）。

20 世纪下半叶，美国出台了多项室内设计规范和检验标准，这为其国内的室内设计专业化打下了坚实的基础。1957 年，美国成立了室内设计师协会，它由早前的室内装饰师协会（1931 年建立）发展而来。到 20 世纪中叶，许多类似协会在世界各国纷纷成立，如芬兰的室内建筑师协会（1949 年建立），以及英国的室内装饰师和设计师协会（1966 年建立）。到 20 世纪 70 年代，美国室内设计师协会（ASID）正式成立，它由多个组织合并而成，旨在对室内设计教育研究基金会（FIDERS）所筹办的设计项目予以监督和认证。1974 年，美国国家室内设计师资格委员会（NCIDQ）制定美国室内设计师专业能力的考查标准，为其国内的室内设计师职业资质认证提供指导。中国室内装饰协会于 1988 年成立，在促进国内室内装饰行业的发展方面发挥了重要作用。

建筑师与室内设计师之间存在着诸多联系，两者在义务责任和生命安全等方面争议不断，并且双方都得到了专业机构的有力拥护。

拓展阅读

《20 世纪最具影响力的 25 位室内设计师》（*The 25 Most Influential Interior Designers of the 20th Century*，出自《建筑学文摘》），作者米切尔·欧文斯（MiTchell Owens），2019 年 12 月 23 日。

《介绍专业化作为室内设计历史上的焦点》（*Introduction Professionalization as a Focus in Interior Design History*，出自《设计史刊》），作者格蕾丝·利斯-玛菲（Grace Lees-Maffei）。

➡ 图示为中国室内装饰协会的网站主页。

⬆ 保罗·路德（Paul Ruaud）设计的玻璃沙龙（1932 年），室内陈列着由现代家具先锋设计师艾琳·格雷（Eileen Gray）早期设计的家具作品。

➡ 纽约现代艺术博物馆里的家具藏品。

44 色相 Hue

○ **色彩所呈现的相貌。**

设计师运用色彩来影响室内环境的外部感知和观者的内心感受。早在1810年，德国画家菲利普·奥托·朗格（Philipp Otto Runge）就已经绘制出了《色球》，对按色相排列的色彩系统理论进行了初步探索。到了20世纪30年代，阿尔伯特·孟塞尔（Albert Munsell）便创建了孟塞尔色彩体系。

色彩的属性或效果由色相、明度（明暗）和饱和度（纯度）共同决定。色相是我们看到的主色调，它是色彩的基底，是一种纯净的颜色，与白色、灰色或黑色混合后，就会产生浅色调、灰色调或深色调。色相包括原色、二次色和三次色。

⬇ 菲茨·亨利·莱恩（Fitz Henry Lane）创作的油画《佩诺布斯科特湾的木帆船》（1863年），捕捉到了大西洋上日落时分自然形成的柔和色相。

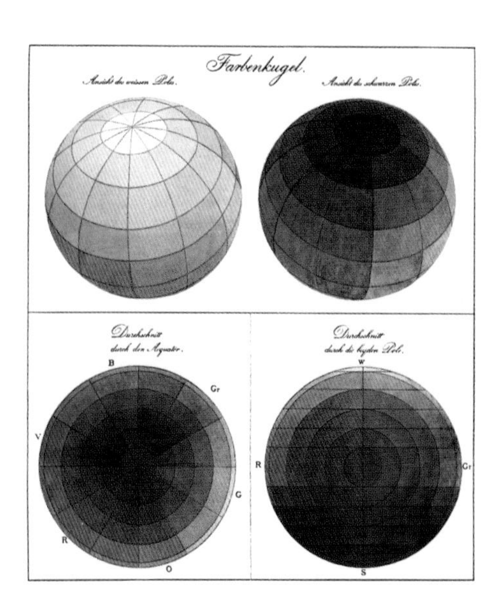

⬆ 德国画家菲利普·奥托·朗格（Philipp Otto Runge）绘制的《色球》，用字母R、O、G、Gr、B、V分别标注红、橙、黄（德语“Gelb”）、绿、蓝、紫色相。上面两幅图显示了色球表面，下面两幅图显示了色球的水平横截面和垂直横截面。

⬇ 西班牙巴塞罗那某公寓内随处可见不同色调的蓝色，使人联想起宁静的天空和海洋。（设计方：Room 工作室）

45 以人为本的设计 Human-Centered Desi

○ 以人文视角探索设计。

参见
· 人体工程学
· 健康、安全与福祉
· 包容性
· 普适性设计

“以人为本的设计”理念最早是由爱尔兰工程师迈克·库利（Mike Cooley）于1989年提出的。在早期探索这一理念时，库利提道：“在经济学、计算和设计领域使用以人为本的系统，可以保持或提高手工劳动者和办公室工作者的技能水平，缓解科学技术压倒劳动技能的趋势。”

在室内设计领域，这一理念可以被简单定义为：在项目设计的各个阶段，始终采用并强调人文视角，落实以人为本的设计方案。

以人为本的设计旨在提高生产力、改善用户体验、减少不适和压力、增加空间可用性、力求适用于广泛人群，以及促进可持续发展。这一过程将把设计师引向共情设计，即带着主观情感来设计项目，而不过度依赖经验数据。

虽然以人为本的设计观念备受设计师推崇，但它也遭到诸多批判。例如，有人指责它在做无用功，是一种过分关注当前需求，而不顾及未来和长远的设计方案。也有人指责它要么受制于单个用户或小众群体，要么服务对象过于宽泛，不能充分满足特定群体的需求。

参考资料

《建筑师还是蜜蜂？人与技术的关系》（*Architect or Bee? The Human/Technology Relationship*），作者迈克·库利，南端出版社（South End Press）出版，1982年。

拓展阅读

《以人为本的设计现场指南》（*The Field Guide to Human Centered Design*），IDEO.org发布，2015年。

➡ 在项目设计的各个阶段，建筑师和室内设计师应悉心听取客户、客户团队及其他行政后勤人员的意见，得出卓有成效的解决方案。

⬅ 办公家具公司 Allsteel 推出的组合式休息区，可对家具进行自由组合，实现同一办公空间内多种工作方式共存的设计。
（设计师：克里斯·阿达米克）

46 人体尺度

Human

○ **人体的体格形态特征，通常用尺寸、功能和限制来表示。**

参见
· 人体工程学
· 健康、安全与福祉
· 包容性
· 普适性设计

我们与环境的互动是建立在人体的身体功能和感官功能的基础上的。无论是新建的空间，还是翻新的空间，我们都会依据人体尺度来设计内部空间和功能要素，比如门廊的宽度、楼梯的最小踏步高宽比、栏杆的位置、电灯开关的位置，以及工作台的高度等。我们还会根据人体尺度做出一些感官方面的决定，比如空间内的视线移动变化、房间的声学特征以及照明设计等。

若要打造一个符合人体尺度的室内环境，需要确保元素的形状和尺寸对普通人而言是舒适合理的。这本身就是一个问题，因为固守“典型”或“普通”的话，就会忽视人人生而不同的现实。因此，在讨论人体尺度时，应考虑人们具有不同的体型和尺寸，并遵循无障碍设计的原则。

⬇ 达·芬奇基于几何形状和理想人体比例创作了《维特鲁威人》（1487年）。此画以古罗马杰出建筑家维特鲁威（Vitruvins）命名，维特鲁威以盛赞人体比例和黄金分割而闻名。

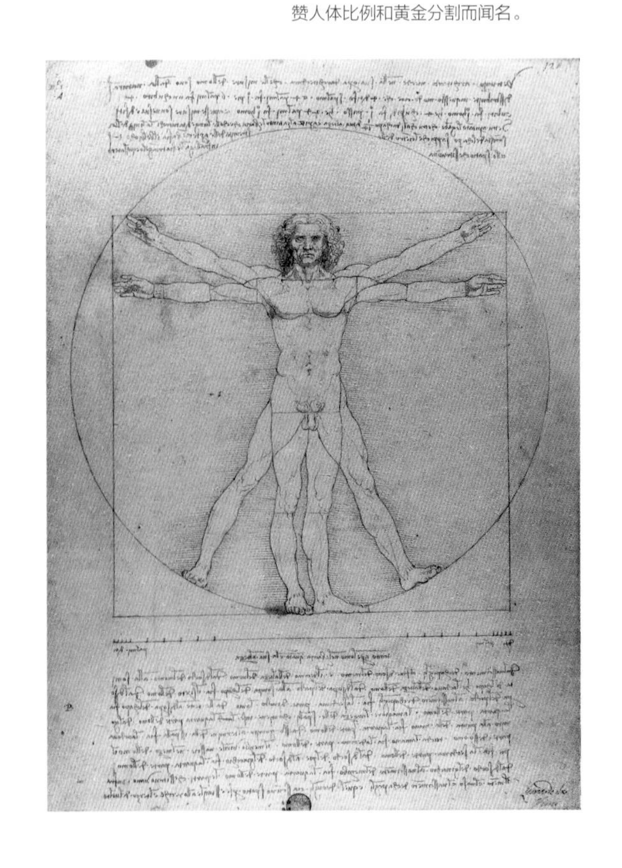

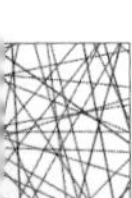

Scale

➡ 厨房是家中功能实用的空间之一。厨房里的设备和橱柜应根据人体尺度以及人与空间元素的交互关系进行摆放。SABO 公司设计的巴黎某公寓便体现了这一理念，公寓利用桦木胶合板将电器和橱柜完美结合在一起，形成了一个紧凑的整体。

⬇ 《人体尺度图解》（*Humanscale Manual*）由亨利· 德赖弗斯（Henry Dreyfuss）事务所编写，于 1974 至 1981 年间多次刊印。书中包含 6 万多张人体测量图，堪称产品设计、交互设计和人类环境设计的快速参考宝典。

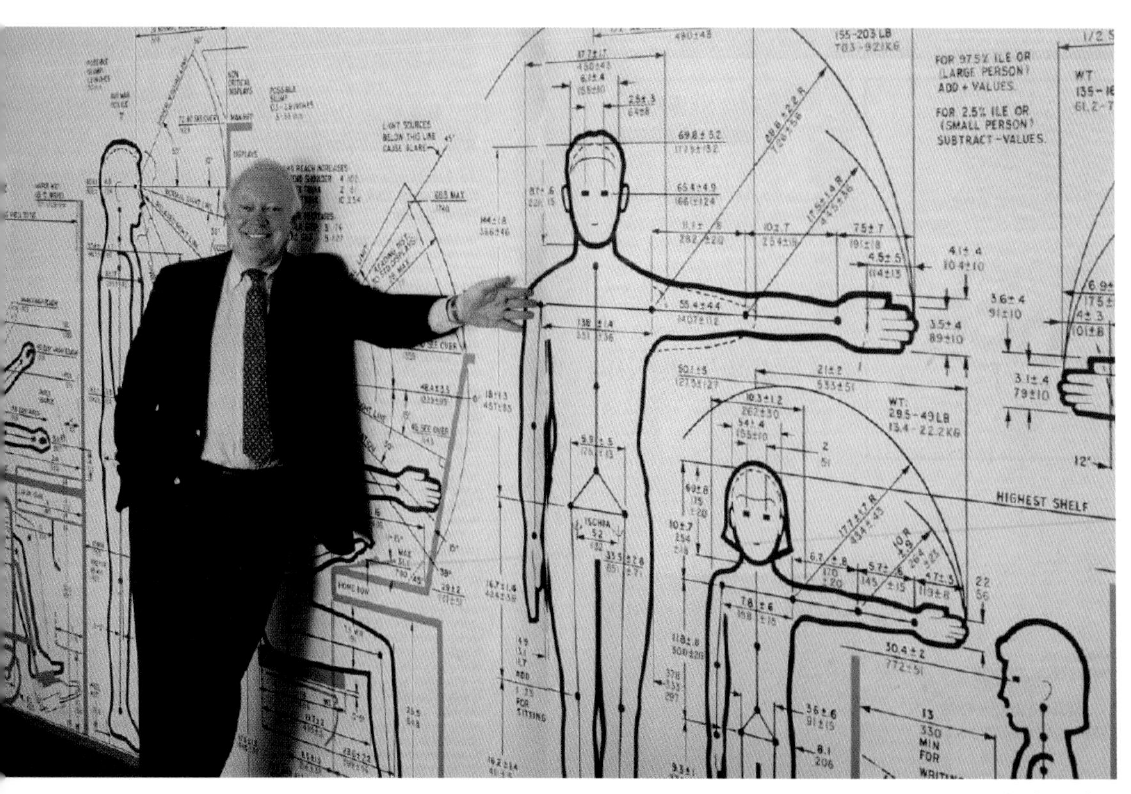

47 混合 Hybridizatio

○ **将多种样式、类型和功能组合或整合在一起。**

参见
· 功能
· 家具
· 类型学

当空间需要叠加多种功能时，比如兼容多种造型、样式或充当社交、文化的纽带，此时就会用到混合的手法。在室内设计中，我们常常组合多种功能或样式，借以提高产品和空间的实用性。

当空间变得寸土寸金般宝贵时，设计多功能空间就成为室内设计师的不二法宝。随着商业空间、住宅、零售店和医疗空间的界限越发模糊，研究和开发集多种功能和用途于一体的空间和产品，已然成为一大热点。

混合是一项关乎功能的设计策略，它有助于践行可持续发展的理念，通过提升空间的性能、寿命和功能，使用户广泛受益。现如今的空间大多需要回应用户不断变化的需求。

混合也是一项不可或缺的设计方法，大致可以分为以下几类：

拓展阅读

《从工作场所到“文化空间”的混合办公设计》（*Designing the Hybrid Office From Workplace to “Culture Space”*），作者安妮 - 劳雷 · 法亚尔（Anne-Laure Fayard）、约翰 · 威克斯（John Weeks）和马维尔 · 卡恩（Mahwesh Khan），出自《哈佛商业评论》，2021 年 3 月。

目的和功能

设计多功能家具或空间，比如可用作桌子的凳子，兼具休憩和协同办公功能的空间。近来商业空间设计（如咖啡店和银行）不再严格区分零售空间和办公空间。例如，服装店里可以同时具备休息区和音乐播放操作台（DJ 台）。

混合风格

风格方面，如今有混合多种传统设计风格的趋势，如“Japandi”风格，即日本和斯堪的纳维亚两种风格的混合。

产品和类型

兼具多种用途的产品，混合新旧材料，或者将新材料和新的制造技术结合起来。

➡ 这张“小胖椅”由荷兰设计师德克·范德库伊（Dirk Van Der Kooij）运用3D打印技术制造而成。他将工厂用过的机器人改造成热塑挤压机，将回收的冰箱塑料融化重制，制作出一张别具一格的椅子。

⬇ 近期兴起的“住宅+商业空间”模式，模糊了住宅与商业空间之间的界限，使办公室内部看起来更像是一个家。图中的“客厅”和“餐厅”，使用了舒适温暖的色调和家居材料，但它实际上是开会和办公的地方。

48 包容性 Inclusivity

○ **提供平等使用空间的机会。**

参见

· 无障碍设计
· 设计流程
· 人体工程学
· 普适性设计

拓展阅读

《包含不相容形状的设计方式》（*Mismatch How Inclusion Shapes Design*），作者凯特·霍姆斯（Kat Holmes），麻省理工学院出版社出版，2018 年。

包容性设计旨在为尽可能多的社会群体提供可以平等使用空间的机会，特别是将那些在过去由于各种原因被排除在外的人群考虑在内。这是一个需要统筹全局的设计过程，不仅要关注建筑及其内部空间，还要顾及周围的空地、景观和体验式设计元素。

正如包容性设计的早期倡导者苏珊·戈尔茨曼（Susan Goltsman）[1]所解释的：包容性设计"并不意味着你为所有人设计同一样东西，而是设计可以让不同人参与进来的不同方式，确保每个人都有归属感"。我们需要通过观察和检验对空间功能所形成的既有观念，力求突破设计局限，弥补空间中存在的适用群体有限和功能层次欠缺等不足。

英国设计委员会（前身是英国建筑与建成环境委员会）是包容性设计理念的大力推动者，该委员会提出的理论让人们意识到，有必要设计具有包容性的环境来满足各人群的使用需求。他们列出了包容性设计的几大原则：适合每个人，满足每个人的需求；直观明了，易于使用；当一种设计方案无法满足所有使用者的需求时，可以提供更多可能性的选择；使用方便，不费力气，使用者无需求助于他人。

设计师应合理预估空间的广泛受众群体，并根据上述原则进行设计。在设计的各个阶段都将潜在使用者考虑在内，才能赢得更多支持和欢迎。因为每个人使用空间或家具的方式都不尽相同，设计师应该充当"授权代理人"的角色，为使用者提供多种选择。

[1] 译者注：苏珊·戈尔茨曼（1949—2016 年），曾任美国景观建筑协会理事。

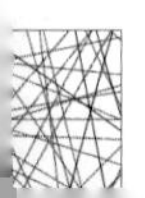

⬅ 位于英国格拉斯哥的黑泽尔伍德学校是一所专为双重感官受损的儿童开设的学校，这里的学生都患有视听感知障碍。设计师在建筑和室内空间的设计中充分考虑了这群特殊学生的需求，使用了许多感官辅助设备和安全材料，让学生能够自由穿行于学校的各个角落。
（设计方：杜洛普建筑事务所）

⬇ 由建筑师乔尔·桑德斯（Joel Sanders）、法学家特里·科根（Terry Kogan）等人联手创办的项目“止步！”（Stalled!），旨在借公共洗手间引发更多关于环境设计和包容性设计的讨论。

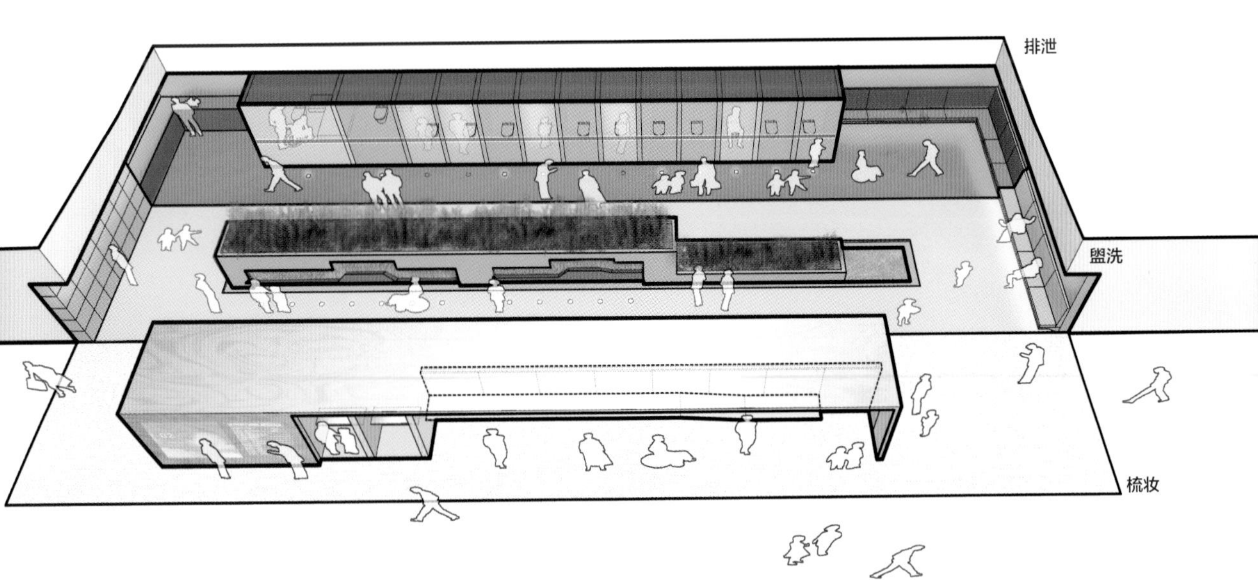

49 创新 Innovation

○ 采取变革性的方法和解决方案来改进设计。

参见
· 创造力
· 探索
· 灵感
· 科技

室内设计中的“创新”是指设计师在方案中运用巧思妙计，开发出一种新的想法或方式，使解决方案的实施更容易、更有效。要想得出富有创造性的解决方案，设计师必须全面地审视问题，打破传统桎梏，应对设计挑战。

创造性地应对设计挑战不是围绕着问题展开，而是聚焦于解决方案。在室内设计发展的数十年里，室内空间的设计问题大同小异，但随着设计师与客户、消费者和最终用户之间的联系和互动日益频繁，设计师可以得出更加全面的解决方案。创意的产生需要经历一系列过程：从思想火花到设计雏形，再到后续的检验乃至失败——历经千锤百炼，才能得出令人满意的结果。

创新可以发生在室内设计项目的所有规模中。和增加空间实用性一样，研究典型案例非常有用，它可以帮助我们全盘考虑项目交付，统筹安排项目进度。

设计创新领域
无障碍
美学
容量
区分
耐久性
效率
参与度
环境
体验
整合
模块化
性能
生产率
质量
可靠性
科技
安全
结构
可持续性
可用性

➡ 图示为加拿大多伦多大学丹尼尔斯建筑、景观和设计学院的双曲抛物面顶棚，它向我们展示了如何借助简单的金属构架和石膏薄板打造一个别有洞天的空间。（设计方：波士顿 NADAAA 建筑事务所）

⬅ 图示为荷兰阿姆斯特丹 Zoku 酒店套房，独具创意的可伸缩楼梯和壁嵌式书桌成为这间小套房的特色之处。

（设计方：Concrete 设计工作室）

⬇ 生物技术的不断突破推动了新材料的生产变革。图示为生物科技公司 Ecovative 推出的一款名为“兽皮觅食者”（Forager Hides）的人造皮革，由公司精挑细选的一类蘑菇菌丝制造而成。

50 灵感 Inspiration

○ **激发创造力的一种影响因素或催化剂。**

参见
· 设计流程
· 探索
· 科技

设计项目的灵感往往来源于突发奇想或灵光一闪。启动新项目令人望而生畏，就像在白纸上书写新篇章一样——需要设计师从宏观上判断创作的起点和方式。无论是设计一件产品，还是翻新一个房间，抑或是改造整栋房子，均需要借助灵感的力量将脑海里的想法催化成具体的行动。灵感可能来源于一件衣服、一朵花、一个特殊的时代，或是抽象画里的一种或一组色彩。

灵感在英语中的“inspire”一词，可以追溯到14世纪的拉丁词根“inspirare”，意为“呼气或吹气”。在这个相互关联的时代，我们不再局限于印刷媒体或周边环境来寻求灵感。共享平台的出现让我们得以一窥设计史的全貌，但在开阔视野的同时，它也让人眼花缭乱，无从下手。要想拥有一双识别“美好”和“时尚”的慧眼，设计师需要对周围的一切保持强烈的好奇心和开放的心态。

设计师常以灵感为基础挑选项目的主题、颜色、图案和纹理。设计师可以借助网络和专门的服务机构找到许多收集整理好的图片，也可以订阅文化设计类的书籍、杂志，用来重复使用不计其数的资源。而在办公室或工作室建造一个包揽群书的图书馆，更是很多设计师的梦想。

⬇↗ 比利时设计师西尔瓦恩·威伦茨（Sylvain Willenz）从20世纪初便从善用伪装术的海军舰艇中汲取灵感，为纺织品设计公司Febrik Kvadrat设计了具有欧普风格的“眼花缭乱”（Razzle Dazzle）系列织物。

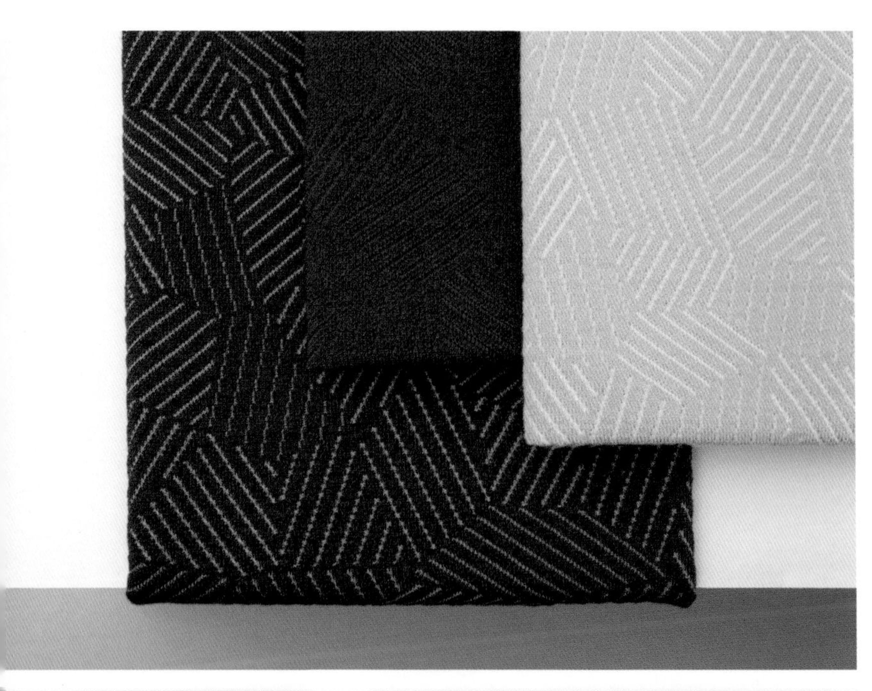

⬇⬅ 孟菲斯集团于 20 世纪 80 年代推出的家具，因其大胆的配色、有趣的几何形状和活力四射的图案而风靡全球。这给了其他设计公司无限灵感，比如皮爱纪设计公司在中国杭州打造了一个名为“崖空间”的展厅。

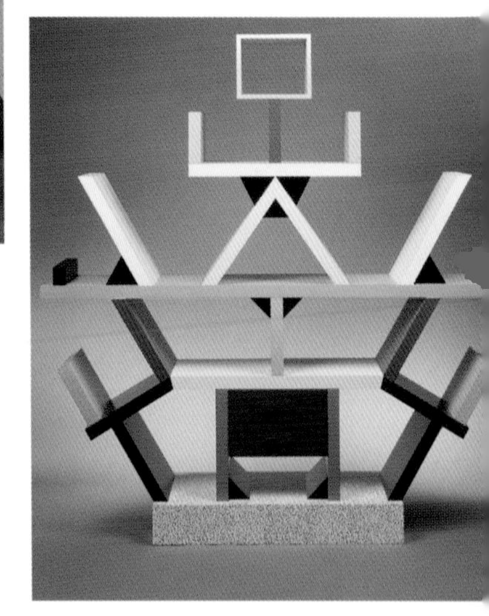

51 分层 Layering

○ **空间元素交叠。**

参见
· 饰面
· 材料
· 室内造型
· 纹理

“分层”是指通过元素重叠和聚合形成一个稍微复杂又相互呼应的解决方案。这里的图层可以是垂直面和水平面，也可以是在视觉上相互覆盖或模糊的三维物体。

设计师将空间视作一块空白画布，在画布上搭建图层。许多设计策略和方案都可以用到分层手法。分层叠加的对象可以是二维物体，如地板和墙面，也可以是三维空间。让元素相互靠近会显得更加温情惬意，而减少空间层次则显得更加通透轻盈。

设计师在运用分层手法时，应仔细观察空间里的各个表面，确定各表面在空间里的层次结构和身份特征。想在已有的背景中添置元素，需要考虑元素的大小。内置木制品和大件家具等固件定下了空间基调，指示了室内运动轨迹；而小件物品、艺术品和纹理则加强了分层所产生的深邃感。

透过房间的光线也可以起到加强层次感的效果。门、窗和孔洞将建筑体量分成多个层次，突出了明暗对比。也可以运用相似材料和互补家具，让元素看起来紧密相连。

⬇ 此效果图由线上家居店 Spacejoy 提供，图中可见地毯、家具、灯具和自然元素交叉重叠。

⬇ 俄罗斯莫斯科某公寓利用家具、灯具和透明表面形成空间和用途的层层重叠。
（设计方：建筑公司 Blockstudio）

⬅ 在亨斯迈建筑集团为广告公司 Argonaut 打造的新总部大楼里，宽敞、开放的空间呈现了新家具与历史建筑的层次对比。选用对比色的近似图案，突出了材料的层次感，彰显了空间的独特品质。

52 照明 Lighting

○ **利用光线照亮室内空间，提升空间体验感。**

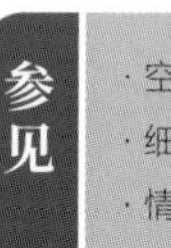
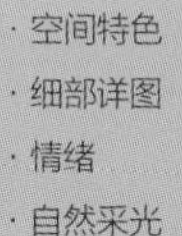

参见
· 空间特色
· 细部详图
· 情绪
· 自然采光

照明是营造空间体验的关键因素。光可以营造氛围、方便工作、增加空间可用性。室内设计师使用各种灯具，如吸顶灯、吊灯、落地灯、射灯和特色灯等，以满足特定的目的和需求。

照明系统可以细分为环境照明、功能照明和重点照明。它的设计是一项专业技术，有时候需要专业的照明设计师来部署，但在大多数情况下，室内设计师也可以胜任。通过照明模拟，参考专业机构提供的经验法则和建议，设计师便可以提供理想的照明解决方案。

设计师可以依靠先进的照明模拟技术，在设计文件最终确定前，检查照明是否能达到理想的效果。设计师也可以借助各种技术，根据一天中不同的时段和用户需要的场景，控制和设计灯光。

光通量

单位为流明（lm），代表一个单位时间内光源发出的可见光总量。

色温

光源所呈现的温暖（黄色）或阴冷（蓝色）的颜色，计量单位为开尔文（K）。

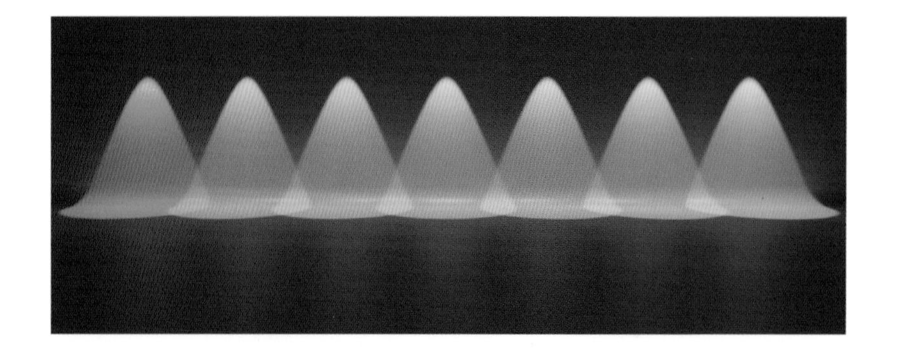

➡ 德国柏林保罗叶大楼里的咖啡馆，利用彩色玻璃灯点缀单调的顶棚，显得趣味盎然。（设计师：斯蒂芬布劳恩菲尔斯）

⬇ 西班牙巴塞罗那诺坎普的一条长廊，仿佛被五彩缤纷的灯光染上了炫目的色彩。

室内设计师可以选择不同类型的照明方式，打造不一样的灯光效果。照明可分为以下几类：

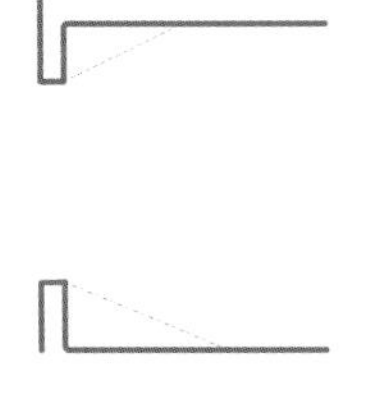

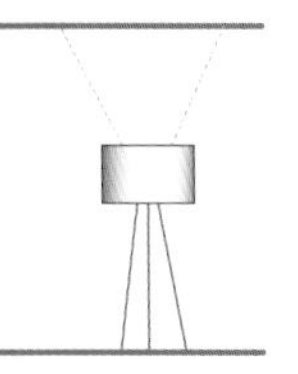

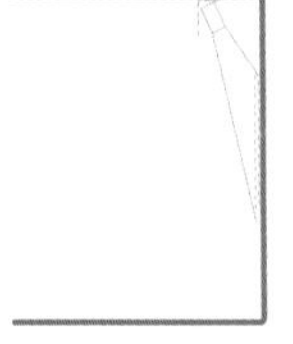

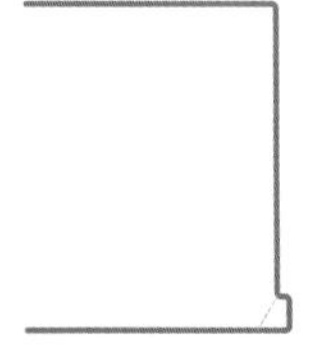

一般照明
为整个空间环境提供照明。

下射照明
为特定任务和工作面提供照明。

上射照明
从下向上突出显示元素；若安装的是落地灯，则可以移动。

背光照明
用于打造发光表面，增加空间深度。

特色照明
为特定物品或艺术品提供照明。

重点照明
类似于特色照明，用于照亮通道或通行路径。

53 线 Line

○ **连接空间中两点的向量。**

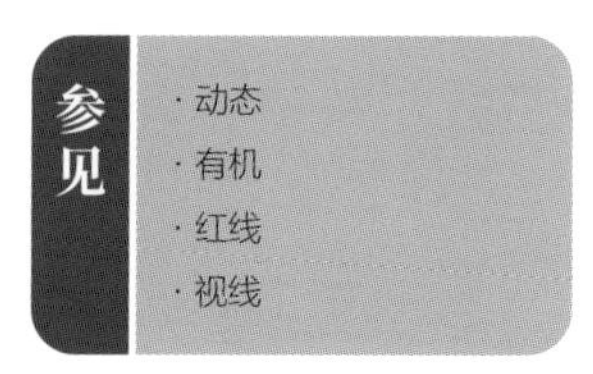
参见
· 动态
· 有机
· 红线
· 视线

线存在于室内设计的方方面面，贯穿于设计始终。它是我们在设计之初就用到的元素：当它汇集起来，便构成了我们要表达的意图；当它以曲线表示，则蕴含着运动或触碰轨迹；当它被标记在物体表面，就成了分割图形的基本元素。线可以是物体本身所固有的，比如板条墙或凹槽柱，也可以是物体表面被施加的，比如金属板上的蚀刻线，或涂料和饰面的分割线。无论如何，线都会对空间的感知和使用产生巨大的影响。

鉴于线的二维属性，不同方向和位置的线会对房间或空间产生不同的效果。垂直线暗示力量，好像有东西被支撑起来一样。垂直线的反复出现，可以在视觉上拉伸空间的高度。水平线暗示方向，可以在视觉上拓展空间的宽度，在墙面和物体上施加水平线可以增加稳重感。对角线暗示运动，会产生动态效果，引导人的视线向上或向下移动。对角线不一定要延伸至边角，可以在一个面的上下方的任意点开始和结束。曲线是两点之间的既定轨迹，呈现有机、自由的形状，暗示运动，但曲线及曲面也是室内设计中最有挑战性的元素。

⬇ 粗实的垂直线搭配动态照明，让这个休息室看起来趣味十足。

⬅ 法国帕维伦索斯博伊斯的吉恩梅斯小学里，墙上铺设的马赛克瓷砖线条分明，指示了不同部位的使用功能。
（设计方：Atelier 2A+ Architecture 建筑事务所）

⬇ 挪威奥斯陆歌剧院内，深浅不一的木材形成了一面“波浪墙”，将光影的线性特质体现得淋漓尽致。
（设计方：Snøhetta 建筑事务所）

54 材料 Materiality

○ **材料的性质和质量。**

参见
· 手工艺
· 连接
· 表面
· 纹理

材料是内部空间的精髓。内部空间本质上是由各种相互关联的表面材料组成的。材料设定了室内空间的基调，影响着空间里的光线质量，决定了房间里的音效，关系着我们对深度和高度的感知。

室内设计专业与材料有着复杂的关系。有些材料本身就是原料（如石材和木材），有些是合成后仍占一定体积的复合材料（如陶瓷、部分塑料和固体表面材料），还有一些材料是直接或间接施加在物体表面的（如墙纸、油漆、箔纸和图样）。所有材料都在项目构成中占有一席之地，并且可以与设计愿景产生共鸣。材料也能唤起人们对于某个地方、某段经历的记忆，可以为设计增加引人注目的叙事感。

材料聚集在一个空间内，形成别具一格的图案和生机勃勃的画面，大面积运用时，还能起到让人凝神静气的作用。材料的运用与“手工艺”“连接”等设计原则密切相关，材料表面的质感还会与手的触感产生共鸣，可以为空间添加缤纷色彩，也可以影响声音的共振方式（如室内声学）。

⬇ 位于法国巴佐什的卡雷住宅，由建筑师阿尔瓦·阿尔托（Alvar Aalto）设计。这座住宅堪称巧用材料的典范，这里的材料不仅充盈了设计内容，还给人带来了舒适柔和的触感。

⬆ 和室（也称为“榻榻米房间”）的大小是由地面上铺设的叠席大小所决定的。图示中天然纤维的叠席与房间的自然色调融为一体。

⬅ 位于意大利米兰的室友茱莉亚酒店，缤纷绚丽的色彩搭配各种纹理的材料，显得妙趣横生，引人入胜。
（设计师：帕特里夏·乌尔基奥拉）

55 度量 Measurement

○ 对长、宽、高或体积的量化。

参见
· 比例
· 形状
· 表面
· 体量

度量与尺度密切相关，是传达设计意图、符合许可要求及遵守规章制度的关键。从美索不达米亚和埃及的早期度量制，到公元前 3 世纪中国秦朝统一度量衡，再到 17 世纪中期传入英国的罗马尺，人类很早就具备了使用统一度量制来测定物体的能力。如今国际上使用的度量制主要有两种：一种是英制，主要度量单位有英尺和英寸；另一种是国际单位制，主要度量单位有米和厘米，它的前身是“公制”。这两种度量制成为设计中的度量基准。

英国在 19 世纪 20 年代正式确立了英制度量制，并废除其他度量方法。英制采用英寸、英尺、码和英里来测定长度。

公制是在 1789—1794 年法国大革命以后发展起来的，长度以米为基础单位。在经过法国巴黎的子午线上，取从赤道到北极点长度的一千万分之一，估算所得的长度即为 1 米。1960 年，第 11 届国际计量大会通过决议，以国际单位制取代公制。国际单位制采用十进制，因其使用方便而成为国际通用的主要度量衡制度。国际单位制采用毫米、厘米、米和千米来表示长度。

度量看似轻而易举，但它却反映了设计师在设计过程中的诸多决定，包括在美学和法律方面的考量。从寻常摆设（桌椅之间的理想距离）到精心设计（走廊和门的宽度，或柜台的高度），度量影响了室内设计的各个方面。

⬅ 英国格林尼治皇家天文台展示的标准英制长度（码和英尺）。

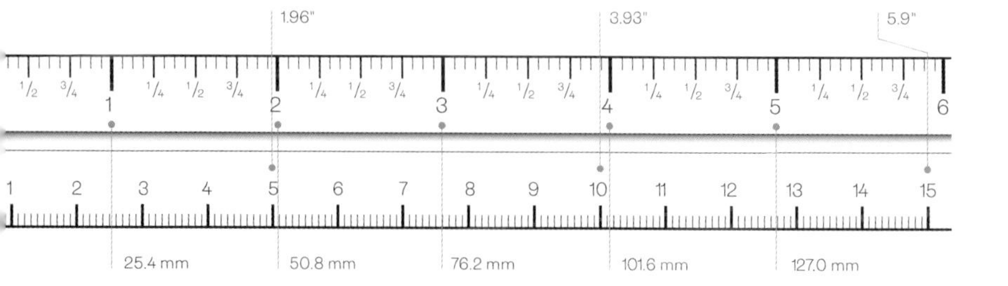

⬅ 国际单位制和英制的测量与换算。

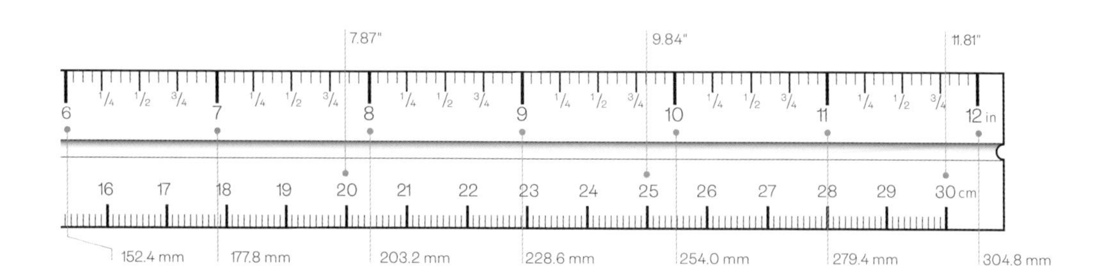

56 建模 Modeling

○ 使用计算机软件记录和呈现内部空间。

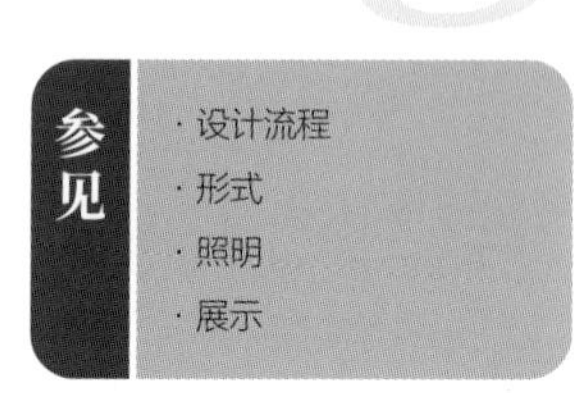

三维建模和渲染是设计师的制胜法宝。是否能够轻松地构建准确的空间模型，选择有利的绘图视角和做出明智的设计决策，是确保项目顺利实施的关键。

选择一款合适的建模软件，对设计师来说是件不容易的事情。有些设计软件简单易用，这在项目初期可以节省不少时间。有些软件可以全面整合建筑项目，创建平面图、剖面图、立面图和完整的三维视图。还有一些软件功能强大，但需要设计师耗费大量时间才能掌握一二。

得益于计算机硬件的快速发展，如今设计师可以实时展示设计项目，决定所选材料和灯光的预期效果，向客户更好地演示设计方案。此外，设计师还可以渲染材料，查阅家具制造商提供的大量三维模型资料，上网收集材料、植被和其他物体的真实图像和描述，这些都让设计决策过程变得更加高效。

准确的模型可以精确地呈现元素的位置和形象，有助于设计师对项目进行定价和估算。技术更先进的软件还可以查看日照效果，进行能源分析。这些先进的软件可以帮助设计师避开一些无用材料，使项目更具能源效益和成本效益。

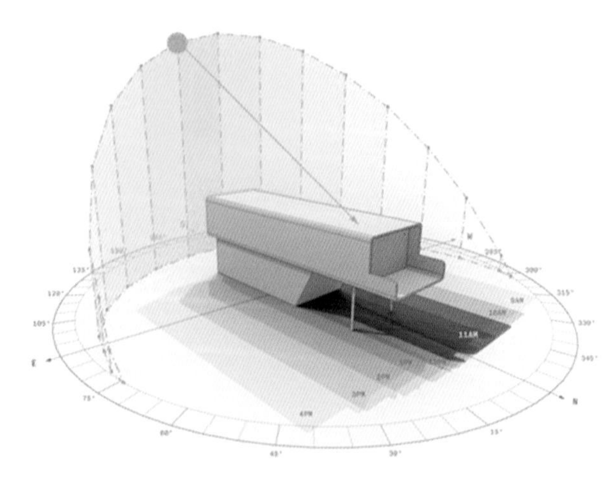

⬆ 模型示例，可通过光照分析评估项目的能源需求。

⬆ 像软件 Blender 等开源应用程序可以绘制出内部空间的高级渲染图。

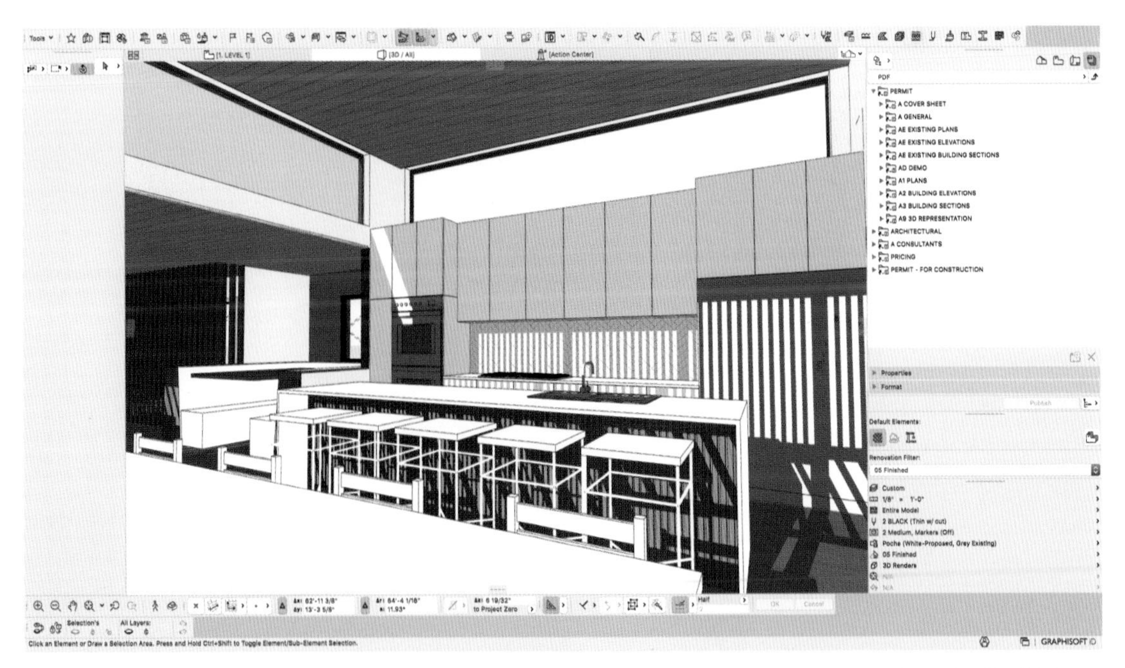

⬆ “建筑信息模型”软件包含所有项目需要的信息，如平面图、剖面图、材料和家具明细表等。

57 模块化 Modularity

○ **由标准单位或尺寸组成的系统，在功能上具有灵活性、多样性。**

参见
· 适应性
· 连接
· 功能
· 创新

模块化设计存在于设计的各个阶段。它是一个标准化的系统，能够大大提高产品制造、生产和应用的效率。模块化设计可加快产品的装配过程，对产品行业尤为有利。它还能节省运费，因为模块单元可以被拆分成块（压平打包），更便于用户组装。常见的模块化系统有：乐高套装、宜家的自组装系统、决定空间尺寸的榻榻米，以及预制墙体系统、家具和住宅等。

将设计拆分成若干部分再重新组合起来，可以实现功能的灵活性和多样性。这种设计方法适用于可以堆叠、定制、重新排列和重复使用的较小部件。此外，模块化系统在本质上是可持续的，需要改变时可以选择更换或改装某个模块，而无需更换整个系统。

⬇ 1972 年竣工的日本东京中银胶囊塔，是由 140 个独立预铸模块组成的公寓。它是世界上首个内外皆用模块部件的大型建筑项目。每个“胶囊”内部都装有模块化的内置橱柜、电器、管道和家具。
（设计师：黑川纪章）

➡ 丹麦家具品牌Common Seating推出的“体素”（Voxel）沙发，其设计灵感来自乐高积木、游戏《我的世界》和密斯·凡·德·罗的建筑作品——这些都是运用网格系统和模块构件的典范。该座椅可根据空间需要自由调节，适用于多种场景。
（设计方：丹麦 BIG 建筑公司）

⬇ Pair 家具公司推出的最新模块化办公家具系列“Olli”，可满足用户的各种使用需求。

58 单色 Monochrome

○ **作为空间主色调的单一色彩或色相。**

“单色”是指设计中只使用一种色彩或色调。单色配色方案从一种基础色出发，可以衍生出不同的浅色、深色和色调。单色的室内设计也可以通过建筑特色、材料、纹理和艺术来烘托和增强。

运用单色调色板可以创造一种平静感，减少视觉混乱。这并非子虚乌有，而是得到了视觉感知机制的印证。当光线经过人眼汇聚在视网膜上，大脑更容易检测到单一颜色的波长，而不易检测到多个色系的波长。重复出现的颜色更容易被识别，因此单色空间看起来更舒适美观。有鉴于此，为了给色盲患者创造更加舒适的环境，建议使用单色配色方案，少用对比色。

拓展阅读

《如何打造单色房间》（*How to Pull Off a Monochromatic Room*，出自《建筑摘要》），作者 Shoko Wanger，2017 年。

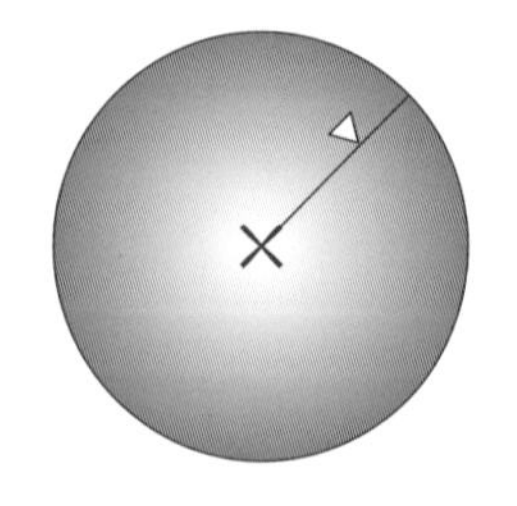

色相

色相是基础色，是整体配色方案的基础，是深思熟虑后的结果，因为它决定了空间氛围。

浅色

浅色是基础色添加白色后形成的一种较浅的色相。

深色

深色是基础色添加黑色后形成的一种较深的色相，被用来与基础色作对比。

色调

与深色类似，色调是基色添加灰色后形成的一较深色相。它会稍显暗但更为柔和。

➡ 泰国曼谷某餐馆，室内的家具和表面全部由水曲柳胶合板制成，甚至连户外座位上方的吊灯和遮阳篷，也是用单色木材制造的。
（设计方：泰国 Onion 工作室）

⬆ 荷兰室内设计公司 i29 在对阿姆斯特丹历史古迹菲利克斯·梅里蒂斯进行翻新时，将单一绿色融入定制的家具和地毯中。

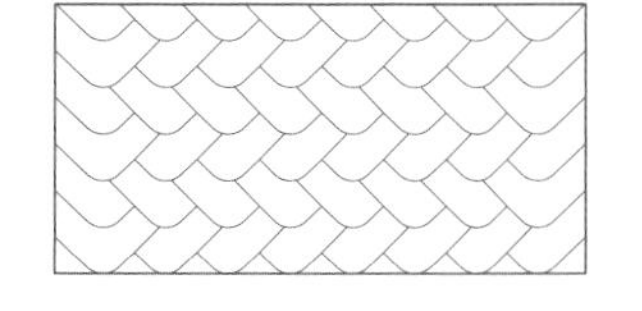

纹理

单色配色方案更要注重纹理。纹理变化有助于避免色彩过于单调。

59 情绪 Mood

○ **利用材料、陈设和配色唤起情感。**

参见
· 空间特色
· 对比
· 分层
· 叙事

情绪是设计师基于色彩、家具风格、灯光和纹理所形成的一系列思路想法。它通常是在设计初期产生的，预示了设计师将为室内设计中的材料和家具选择的配色方案的样子。

情绪板是设计师收集灵感、材料和主题的有力工具。回看短暂的室内设计发展史，情绪板的产生仿佛近在咫尺。20 世纪末，室内设计师在向客户展示实物样板时，会将材料黏合在一块板上来进行展示。为使客户真切体会方案中的环境氛围、固件、家具和饰面，设计师会按比例展现材料。随着互联网时代的到来，设计师开始借助电子显示板和网站收集和整理思路，并将收集到的图片和想法分享给客户和合作伙伴。

对于真实存在的设计对象，设计师可以从空间比例、窗口大小、房屋朝向和背景环境入手，营造空间情绪。比如一座海边的房子，可以想象它是一个开放、通风、光线充足的空间，在湛蓝大海的交相辉映下，呈现出清爽明快的色调。

⬇ 在材料收集好以后，室内设计师就可以任意搭配材料，探索各种纹理、颜色组合。

➡ 在英国伦敦自然历史博物馆的矿物馆内，厚重的展柜和粗犷的石柱营造了深沉古朴的氛围，提醒人们专注于研究，不要高声喧哗。

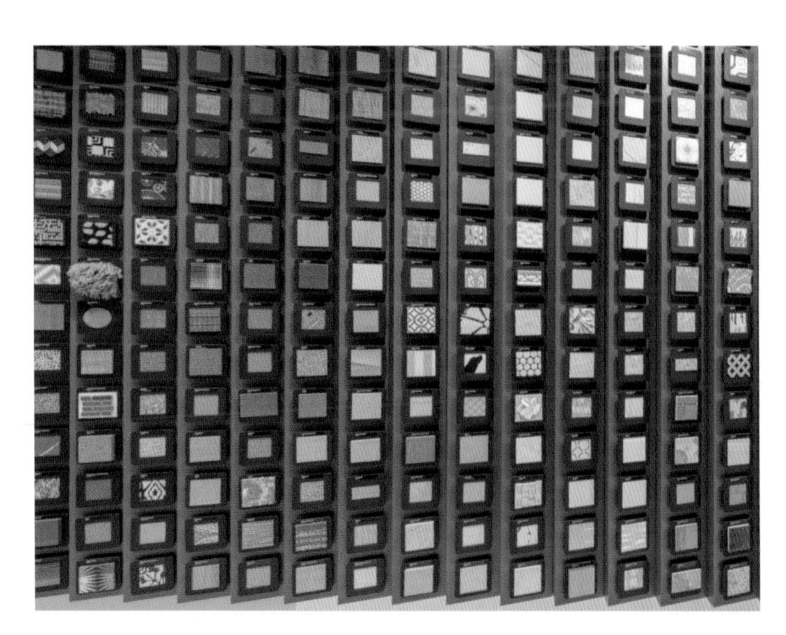

➡ 我们可以使用数字工具和应用程序来创建情绪板，也可以借助幻灯片共享和在线协作工具，轻松高效地交流想法，还可以登录相关网站获得材料的详细介绍，并在线上查看样品图片。

60 动态 Movement

○ **设计所呈现的运动状态或趋势。**

参见
· 连接
· 形式
· 线
· 纹理
· 体量

“运动”指物体或身体不断改变位置，而“动态”则侧重于物体所呈现出的运动趋势。我们可以借助于二维物体（如艺术品），来更好地理解动态的概念。艺术家常常运用形式和颜色来展现动态，引导观者的视线在空间里穿梭，或沿着造型移动，或延伸至画面以外。线条、形式和形状可以影响运动的速度、方向和可识别性。

三维物体可以展现更加丰富的动态视觉效果。布置巧妙的室内元素可以引导观者的视线穿过空间，聚焦于一点或一面。在某些情况下，设计中的动态还能向用户展示运动或流通路径，提示用户穿过走廊，踏上台阶，穿过一个个房间。例如，人们在博物馆或画廊里时常徘徊流连，而在健身房或医院里往往直奔目的地。

动态与韵律密切相关。设计师可以重复使用线条、纹理、色彩、图案等元素，以达到理想的动态效果。在设计方案中融入动态元素，最终会创造出一个更具动感的空间。

⬇ 葛饰北斋创作的风景版画《神奈川冲浪里》（1823年），是探索动态构图的旷世佳作。波涛、山脉构成的曲线，吸引着观者的视线从左往右移动。从左边的巨浪、浪里的船只，再到远处的山脉、连绵的波涛，给人无尽的联想。

⬅ 加拿大多伦多某住宅的楼梯间，运用蜿蜒的线条和连续的曲面，凸显空间的纵向流动。
（设计师：德鲁·曼德尔）

⬇ 在 BOS|UA 设计的寿司餐厅墙上，画着葛饰北斋的名作《神奈川冲浪里》版画。

61 自然采光 Natural Lighting

○ **直接利用日光获得室内照明。**

参见
· 空间特色
· 照明
· 朝向
· 可持续性

自然光有利于身心健康，它是室内设计中需要考虑的重要因素。自然采光又称为“日光照明”，它借助于玻璃窗、门窗和天窗，将自然光线有效地引入室内。它能节省能源，减少人工照明的需求。

自然光进入室内后，经过多次反射，直至能量被吸收殆尽。此外，室内的固体、涂料和饰面可以提高或降低自然光的反射率。日光照明设计是一门复杂的学科，在选择采光装置时，设计师必须平衡热量损益，减少眩光，并适时调节光照。

⬇ 在英国伦敦某共享办公空间，自然光透过大大的外窗倾洒进来，室内安装的玻璃窗又将光线传射开来，照亮其他房间。

自然光反射

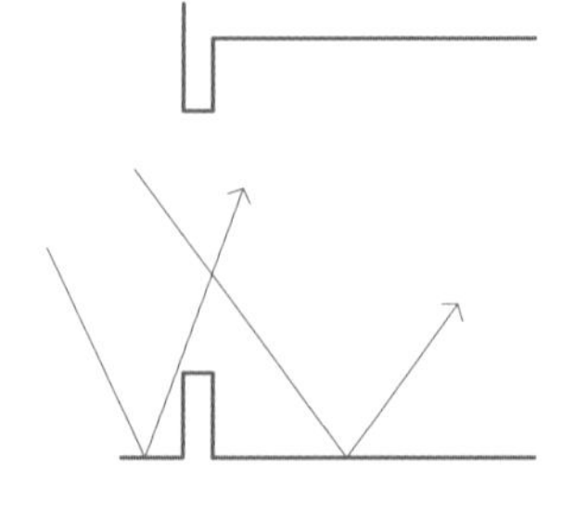

外反射

光遇到地面、相邻建筑物、窗台和遮阳板等发生的反射（反射过度会造成眩光，令人不适）。

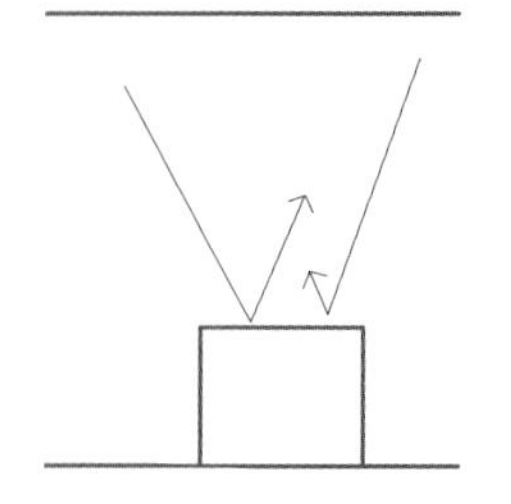

内反射

光遇到内墙、天花板和地板等发生的反射，包括高反射率的表面（光滑或光泽表面），以及白色或浅色的饰面、镜子等。

⬆ 位于美国加利福尼亚州洛杉矶的一家特色咖啡馆，在室外烈日的照射下，光线经由彩色百叶窗的调和而变得温柔和煦。
（设计方：ORA）

采光装置

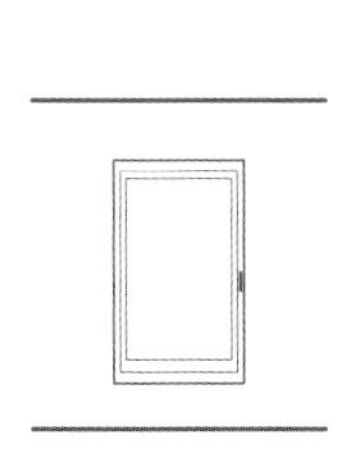

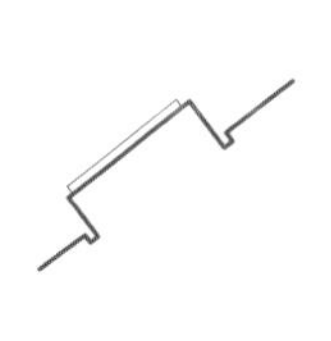

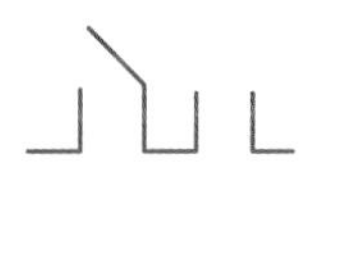

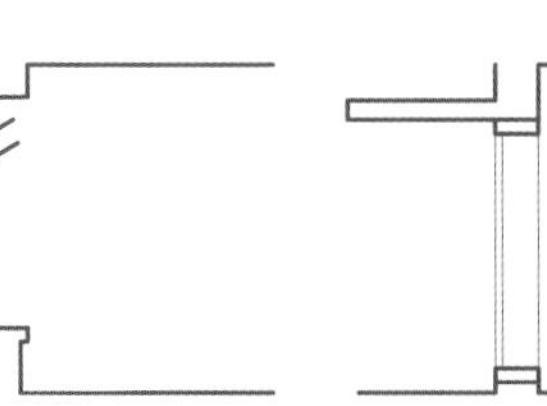

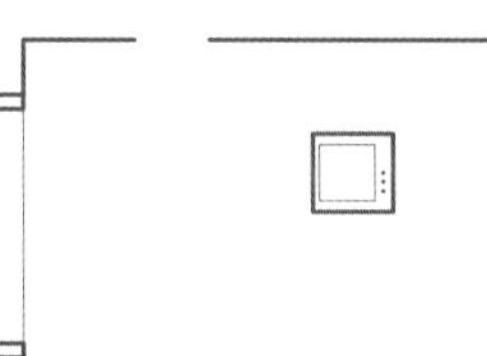

窗户
最常见的日光来源。

天窗
日光从上照下来，可以是被动采光，也可以是主动采光。

光导管
日光从屋顶进入，遇镜子反射，经管道传输。

改向装置
将射入的日光引到天花板，减少眩光，增加日光渗透率。

遮阳装置
包括百叶窗和遮阳篷，控制窗外射入的光照量，避免眩光。

照明控制装置
安装光电传感器，根据自然光线强度调暗或关闭照明系统。

62 居住容量

Occupancy

○ **一个空间允许使用和居住的人数。**

参见
· 邻接性
· 建筑法规
· 健康、安全与福祉
· 策划

简单来说，建筑物或其内部区域的居住容量是由其大小、功能和位置决定的，同时也受到所处地方安全健康法规的限制。需要注意的是，不同国家和地区适用的标准各不相同，要根据当地的法规进行设计。

居住容量按照空间功能可分为以下几类：集会类（A）、商业类（B）、教育类（E）、工厂工业类（F）、高危害类（H）、机构类（I）、贸易类（M）、住宅类（R）、存储类（S），以及公共设施及其他类（U）。

规定居住容量是为了保护建筑物里的住户免受火灾伤害。它还对灭火装置的位置及疏散通道的要求给予了明确指示。室内设计师应了解居住容量的限制，并按要求进行设计。无论是隔墙的设置、家具的摆放，还是与照明、电气承包商之间的配合，都应该遵循规定，符合要求。

对于被归类为集会场所的房间或空间，应在靠近主出口处的醒目位置贴上居住容量的标志。消防人员或房屋检查员会定期检查此标志是否张贴妥当。

➡ 空间面积及其预期用途决定了空间在特定时间里允许居住的人数。

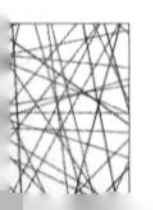

⬆ 位于美国新泽西州的劳伦斯维尔中学格鲁斯（Gruss）艺术设计中心，普通的楼梯井摇身一变成了一个集会地，在底部更是设置了座席，以备不时之需。

（设计方：Sasaki 建筑与环境设计事务所）

⬅ 美国纽约大都会歌剧院（1937年拍摄）。规定居住容量是为了保护建筑物里的人员免受伤害。

63 有机 Organic

○ **与自然有关或源于自然的形态。**

参见
· 仿生学
· 形式
· 形状
· 体量

室内设计中使用的有机形态多种多样，有自然元素构成的材料，有生机勃勃的生物，还有采用有机形状的家具陈设。它们与典型建筑中常用的直线形墙面和地板形成鲜明对比。

曲线和自然形态如果运用得当，可以让空间变得更加柔和，让房间过渡得更加自然，让光线变化得更加微妙。曲面墙、圆弧转角、无棱角家具及流线型灯具，可以组合成一个完整的设计方案，也可以添加到直线形的空间中，中和线条较为严峻的空间。

有机平面图和剖面图绘制起来相当复杂，需要其他工种的配合。在施工和项目实施阶段，有机平面图需要经过深思熟虑和各方配合才能绘制出来，并且需要借助高超工艺才能将饰面打磨得和形态本身一样光滑。

⬇ 天津滨海图书馆，运用一块块曲线板堆砌出一座生动的图书馆。
（设计方：荷兰 MVRDV 建筑事务所）

⬅ 图示为加拿大卡尔加里新中央图书馆的主中庭和流通区，是运用有机形态和材料打造而成的。
（设计方：Snøhetta 建筑事务所）

⬇ 丹麦设计大师维纳尔·潘顿（Verner Panton）于 1969 年为家具品牌 Verpan 设计的三叶草组合式沙发，利用有机线条实现了模块化和多面使用。

64 朝向 Orientation

○ **根据太阳的位置摆放或排列元素。**

参见
· 自然采光
· 摆放
· 导向
· 分区

朝向在英语中的“orientation”一词来源于拉丁语“orientum”，意为“升起的太阳”，指建筑物相对于太阳的位置。在古代的埃及、美索不达米亚和中美洲，重要建筑的入口和通道都朝东，即太阳升起的方向。房屋朝向也受宗教影响，比如老圣彼得大教堂朝向西方，后来的基督教教堂（或祭坛）则朝向东方。

考虑到可持续性，确定建筑朝向便成了设计过程中的重要一环。选择最佳的建筑朝向能够充分利用自然光线和通风，确保建筑内部环境四季皆宜，节约能源成本，减少恶劣天气和气候变化带来的负面影响。设计中应根据太阳辐射的日变化和季节变化规律，最大程度地利用光能。

太阳方位：辐射强度取决于阳光方向，导致室温或高或低。

风向：为实现自然通风，应将门窗安装在盛行风经过的地方。

虽然房屋位置不由室内设计师控制，但是设计师可以根据入射光线的情况，巧妙地布置房间及其陈设品（如窗帘、百叶窗、家具或植物）。

⬅⬇ 加拿大埃德蒙顿的卡皮拉诺图书馆，利用建筑结构将光线引入室内，通过立面拼接划分空间功能。（设计方：加拿大 Patkau 建筑事务所）

65 图案 Pattern

○ 表面上重复出现的几何图形。

参见
· 网格
· 韵律
· 比例尺
· 纹理

图案是由重复出现的元素构成的，通常排列在网格上，从而产生秩序感和节奏感。图案既可以打造表面样式和纹理，又可以让设计显得更加井然有序。

空间内部随处可见各种各样的图案。有些图案亮眼醒目，比如地板、壁纸等饰面材料上的图案；有些图案内敛含蓄，比如饰面拼接聚合而成的图案，橱柜重复排列形成的图案，以及藏于墙面和地板细节之处的图案。

在室内装潢中，纹样编织技术可以增添图案纹理。色彩搭配也会影响图案效果，一般来说，色彩对比、互补较为强烈的图案会显得活泼生动，而运用近似色的图案则显得平静柔和。运用小面积图案点缀房间，可以突出房间特色；运用大面积图案铺设房间，可以统一空间风格。

设计师应了解图案效果对室内设计的影响。在添加图案之前，设计师不仅要考虑空间大小和风格，还要关注图案大小和方向。

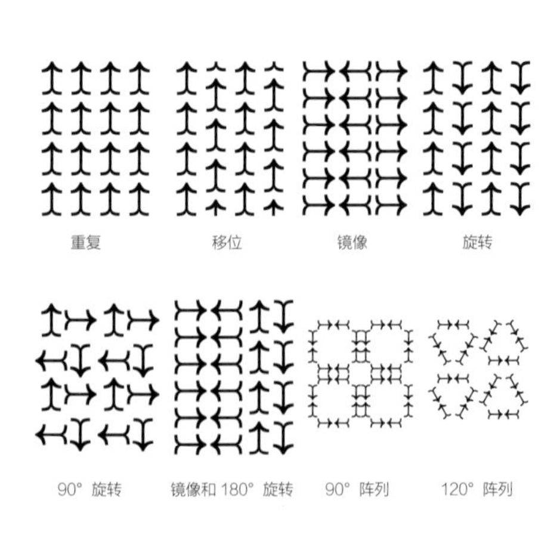

⬆ 设计中的图案重复手法有很多，包括镜像、移位和旋转。不同的重复手法可以产生不同的效果。

➡ 安妮·阿尔伯斯（Anni Albers）设计的提花织造图案，将不同颜色的粗线交织在一起。

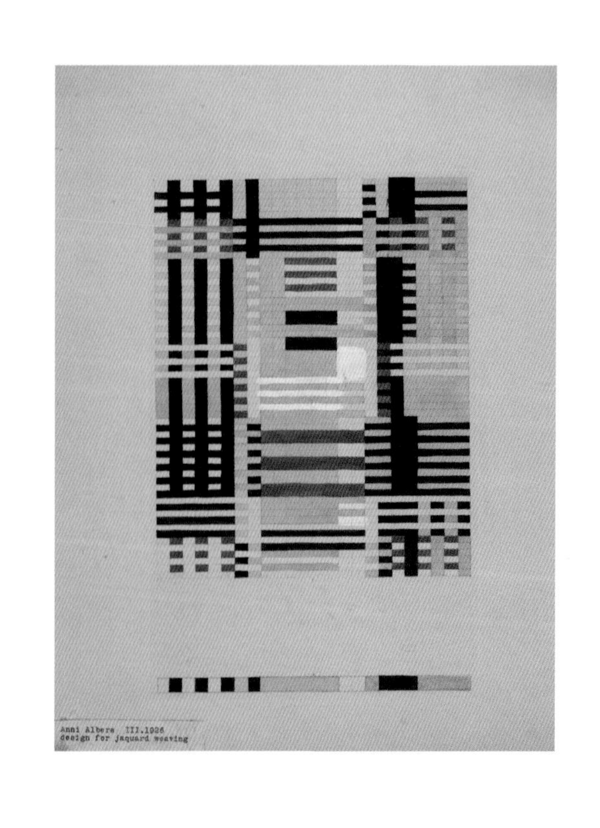

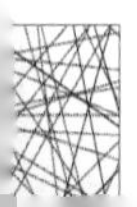

⬆ 位于瑞士莫格诺的圣乔瓦尼·巴蒂斯塔教堂，大胆运用了重复图案将地面、墙面甚至整栋建筑融为一体。（设计师：马里奥·博塔）

⬅ 设计师凯利·哈里斯·史密斯（Kelly Harris Smith）从城市环境图案中寻找灵感，运用了各种色相和色度的图案，为 HBF 纺织品公司设计了“UP 系列”织物。

66 透视 Perspective

○ 图像或空间的三维呈现。

透视法的发明极大地推动了艺术和设计的发展。它实质上是一种描绘物体与空间关系的方法。在追本溯源之时，我们常常把它归功于意大利建筑师菲利波·布鲁内列斯基（Filippo Brunelleschi，1377—1446 年），但这种平行线交汇形成灭点的画法，事实上最早可以追溯到重叠分层法、中国古代插图中的斜轴投影法（尤其是等角透视法）以及日本的一些艺术手法。这些探索为文艺复兴时期的具象艺术革命铺平了道路，使其成为建筑师和设计师的沟通媒介。

在室内设计项目中，当无法通过二维图清楚地呈现创作意图时，就需要用到三维图。三维图可以清晰展示和说明项目的许多方面，如家具细节、颜色、饰面、光线和阴影等。

虽然手工绘图如今已被计算机辅助绘图所取代，但在绘制透视图时，透视图的基本元素仍保持不变，即视点、画面（假想的位于视线前方的作图面）、视平线和灭点。随着虚拟现实头盔和实时渲染引擎的出现，静态视点的局限性已不复存在。

⬆ 明代小说《三国演义》中的插图。

⬇ 虽然现在很少采用手绘方式绘制透视图，但基本绘图原则仍然适用。在构图时，灭点（VP）、视平线（HL）和画面（PP）都与取景和视点相关。

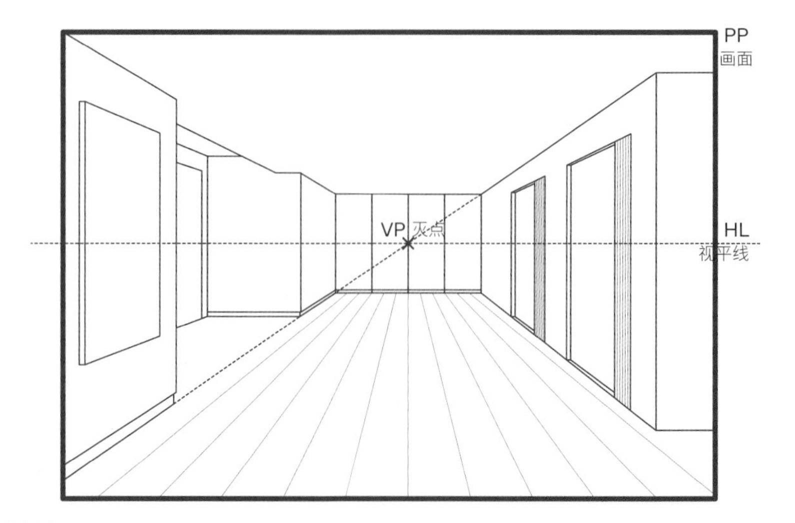

⬆⬅ 从摄影（上图照片摄于美国波士顿公共图书馆）到内部构造，再到效果图（左图为美国马萨诸塞州萨默维尔市某社区艺术中心的效果图），透视图是项目各个阶段必不可少的展示工具。

（上图设计及翻新方：William Rawn Associates 建筑事务所；
下图设计方：OverUnder 建筑事务所）

67 理念 Philosophy

○ **关于知识、真理、生命的本质和意义的一系列观念。在设计中，则是指一系列指导原则和设计意图。**

参见
· 和谐
· 展示
· 地域性
· 叙事

设计师如何创造出既美观又实用的空间？他们从哪里寻找灵感？他们是遵循既定的规则或原则，还是听凭本能或直觉？

设计理念是设计师在做各项设计决策时所遵循的一套规则，它能有效提升使用者的幸福感，缓解他们因工作生活所产生的焦虑。虽然设计理念受文化和传统影响，但有些设计师在经年累月的设计实践中也会形成自己的设计理念和意图。

“少即是多”这一理念是建筑大师密斯·凡·德·罗（Mies van der Rohe）提出的，事实上密斯的导师彼得·贝伦斯（Peter Behrens）在稍早的时候就已提出类似概念。这一现代主义设计理念强调精简形式和舍去不必要的元素，追求简单的结构表达，以及朴素的材料和空间。设计界的另一名言“形式追随功能”是由芝加哥建筑学派在 20 世纪初提出的。这一理念重视实用性更胜于美观性，强调在设计之初就应明确空间的预期用途。

放松

近年来室内设计中的此理念出自丹麦语“Hygge”，描述舒适惬意的状态，包括可以使人心平气和的物品，如毛毯、蜡烛和枕头，让空间变得心旷神怡，以及使用木材、羊毛等天然材料。

侘寂

源于 15 世纪日本的一种理念，强调自然的朴素之美和物质的原生状态，以及发现残缺之美。通过石头、混凝土、木材、编织地毯和手工织物等天然材料，打造宁静、平和的空间。

恰到好处

瑞典语、挪威语中的一个单词“Lagom”，意指恰到好处——不多不少，刚刚好。这一理念追求适量平衡，对可持续性材料升级再造并循环利用，以及使用木材等天然材料。

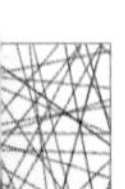

⬅ 日本东京 Grillno 餐厅的朴素内饰，生动诠释了极简主义的室内美学。

⬇ 中国香港某公寓以侘寂的设计理念打造，兼具功能和美观。设计中运用了青铜元素，散发出古朴的气韵。
（设计方：Nelson Chow 事务所）

68 摆放 Placement

○ **将物品放在空间里的特定位置。**

参见
· 对齐
· 非对称
· 均衡
· 强调

物品如何摆放取决于项目特色、邻接关系、空间功能和房屋朝向。虽然设计师不能随心所欲地决定内部空间的位置，却可以巧妙地布置房间，将陈设品摆放在采光、通风良好或靠近门窗的地方。

从房间层面来看，摆放策略会影响空间流通、室内声学和家具位置。设计师可以通过平面图来呈现元素摆放的方式，例如在房间四周摆放还是呈中心对称布置，或者按群组、类别摆放，并平衡公共空间的功能需求等。

⬇ 美国拉斯维加斯的 Momofuku 餐厅，方形餐桌靠墙摆放在四周，圆形餐桌则摆放在中间位置。

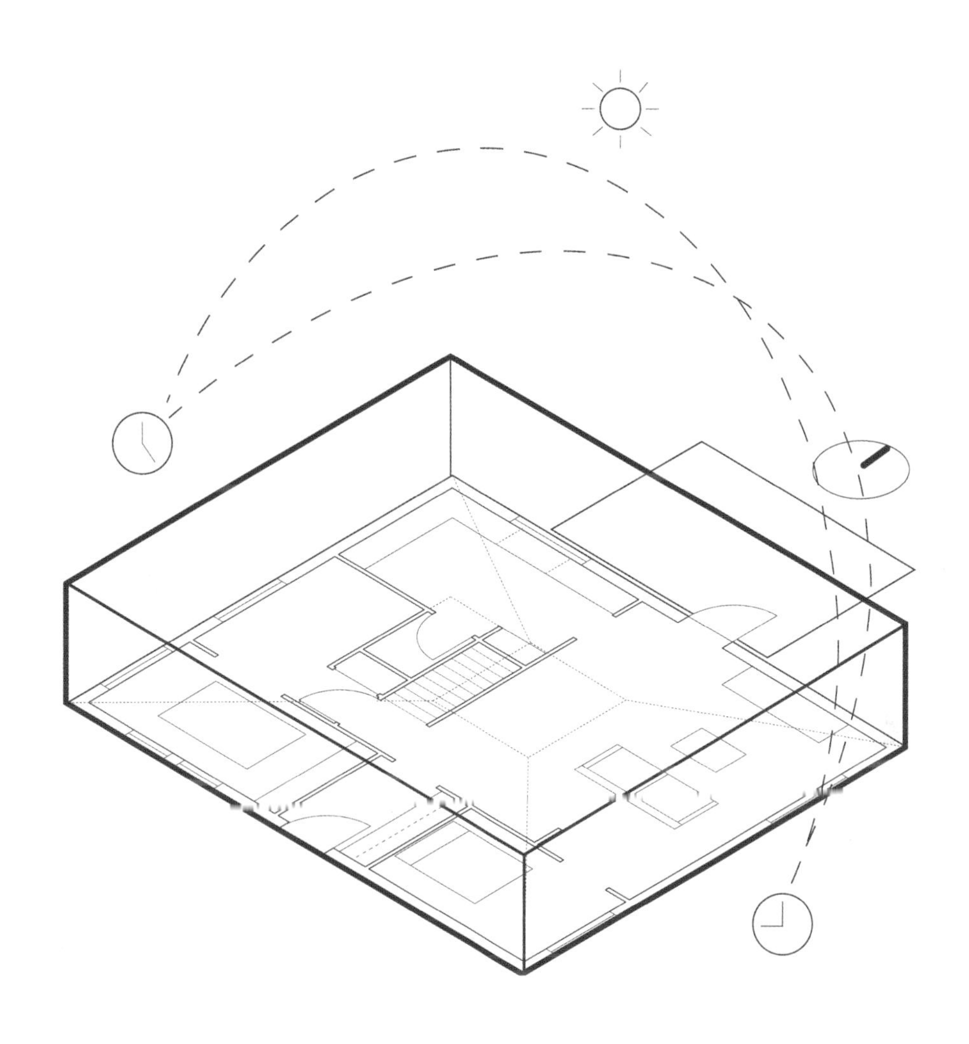

朝南房间

类型：起居室、家庭娱乐室、餐厅、户外生活空间。

特点：采光好，全年大部分时间可享受光照，冬天也能晒得到太阳。可能需要安装水平遮阳装置。

朝东房间

类型：厨房、早餐间。

特点：见光早，全年可享受光照，傍晚较凉爽，清晨光线充足。

朝西房间

类型：生活区。

特点：下午阳光好，傍晚时分可能过热，可能需要安装垂直遮阳装置以防眩光或过热，因光照强烈而升温明显。

朝北房间

类型：不宜居住的房间、车库、洗衣房、浴室、工作室、楼梯等。

特点：全年光照较少，室温偏低。

69 历史性建筑保护 Preservation

○ **通过识别具有一定历史意义的元素，对空间进行修复。**

参见
- 适应性
- 耐久性
- 社会影响
- 可持续性

在翻新或修复内部空间时，应识别具有一定历史意义的元素。凡具有 50 年历史（许多国家都具备这种历史条件）的建筑和设计作品，都可以被归为历史性建筑。不足 50 年的建筑也可以被归为历史性建筑，但需要更多的资质认证。

历史性建筑可以讲述动听的故事，产生文化共鸣，但能被保存下来的空间往往代表着主流文化。如今人们不再拘泥于定义限制，而是采取更加包容的态度，对更多需要保护和修复的建筑空间予以肯定。想做到这一点，需要我们加深对历史性建筑保护的认识，理解到底是什么让我们的建筑变得独特和难忘。

世界各地存在着许多或大或小的文物保护组织、机构和活动团体，致力于保护各式各样的建筑。在很多地方，修复和保护建筑及内饰可享受优惠，并得到鼓励。

世界遗产

联合国教科文组织鼓励对全人类公认的具有突出意义和普遍价值的文化和自然遗产进行识别和保护。

← 美国纽约大中央车站曾面临拆除（1963 年，纽约市政府批准了拆除车站的计划），后因纽约地标保护委员会的介入而得以幸存，拆除大中央车站有破坏文化遗产之嫌。

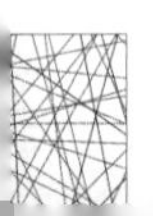

⬇ 土耳其安塔基亚博物馆酒店建立在一处古罗马遗迹之上，这座遗迹是在项目动工时发现的。

➡ 美国纽约地标性建筑——环球航空公司飞行中心，由建筑师埃罗·沙里宁（Eero Saarinen）于1962年设计，后经纽约建筑事务所 Beyer Blinder Belle 精心修复，改造成了一家酒店。该项目改造时，纽约州历史保护办公室对改造工程进行了密切配合。

70 策划 Program

○ **明确设计项目的需求和功能。**

参见
· 设计流程
· 功能
· 居住容量
· 分区

策划也被称为“项目的初步设计”，它是设计过程中的关键一步。无论是大型商业项目还是家庭装修，设计师在这一阶段都要检查项目的实用功能、约束条件和发展机会。

设计师在策划时应明确了解需要添加哪些空间、特征或属性，以改善空间功能、实现高效合作和满足客户需求。设计师还要着手确定空间个性，使其既符合空间特征，又具有独特魅力。

在设计过程中明确并记录项目的约束条件、空间邻接关系和设计目标至关重要。纵观项目全程，策划方案应作为参与项目后续阶段所有人员的参考依据。

策划过程大致可以分为 3 种：调研、分析和记录。在此框架内，策划过程会因项目类型和范围的不同而有很大差别。

调研

√ 收集计划和图纸。
√ 与客户视察现场。
√ 报告现场视察结果。
√ 确定客户组织结构和最终用户。
√ 审查建筑规范和地区法规。
√ 采访客户代表和最终用户。
√ 编制客户信息(目的、结构和目标)。

分析

√ 分析采访记录。
√ 创建理想的空间关系图。
√ 确定居住容量、预测变化、咨询顾问或其他专业人员。
√ 列出空间类型和数量。
√ 明确每个空间的特定需求（如工作站数量、收纳需求等）。
√ 列出需要澄清或解决的事项。

记录

√ 记录客户目的和项目目标。
√ 总结当前需求和未来发展计划。
√ 汇集采访记录。
√ 将策划方案和预测结果提交客户批准。
√ 编制详细报告或项目简介，列出策划目标和所有功能、尺寸以及关系方面的要求。

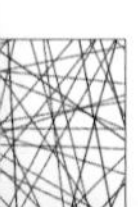

⬅ 1946年，弗洛伦斯·诺尔（Florence Knoll）在室内设计公司H. G. Knoll Associates内部成立了策划部。策划部做的前两件事就是分析项目要求和编制项目需求清单，以"灵活适应当前和未来的需要"。

⬇ 在西蒙菲莎大学托儿中心（位于加拿大不列颠哥伦比亚省本拿比市）的设计规划阶段，Hmca建筑设计公司与核心用户群——少年儿童——展开了深切的交流。由此设计出的空间很好地满足了孩子们的需求（比如身高方面的需求）。

71 匀称

Proportion

○ **部分与部分之间或部分与整体之间的和谐关系。**

“匀称”的概念较为复杂，令人疑惑不解。某物品为什么看起来相当匀称？按一定比例组合起来的物品为什么更加悦目？对许多人来说，“匀称”一词很难解释清楚，因为它是约定俗成或习以为常的产物。但在思考匀称设计的同时，我们可以借鉴几条有用的既定规则。

空间或物品的匀称度可以用长、宽、高这 3 个变量的相对长度来描述。不同匀称度的空间通常具有不同的主导功能或用途。狭长的走廊不适合用作集会空间，却是画廊或厨房的理想选择；又高又宽的房间用来亲密聚餐可能会显得过于喧闹，却是小型音乐表演场地的明智之选。面对不同匀称度的房间，设计师可以发挥想象，基于“尺度”和“使用”等设计原则，对空间进行大胆创作和诠释。

在有些室内设计项目中，匀称和对齐是密不可分的。即使是奇形怪状的房间，也可以通过局部改良（如巧设壁龛、框边和凹槽），弥补视觉上的缺陷。也可以利用反射表面和图案，重新塑造我们对现有空间的感知。无论面对怎样的房间，设计师都应该仔细考虑物品的摆放位置，体会不同的摆设方式可能产生怎样的影响，精心打造符合需求的环境。

⬇ 阿尔布雷特·丢勒（Albrecht Dürer）的《人体比例四书》（1528 年）中的插图。

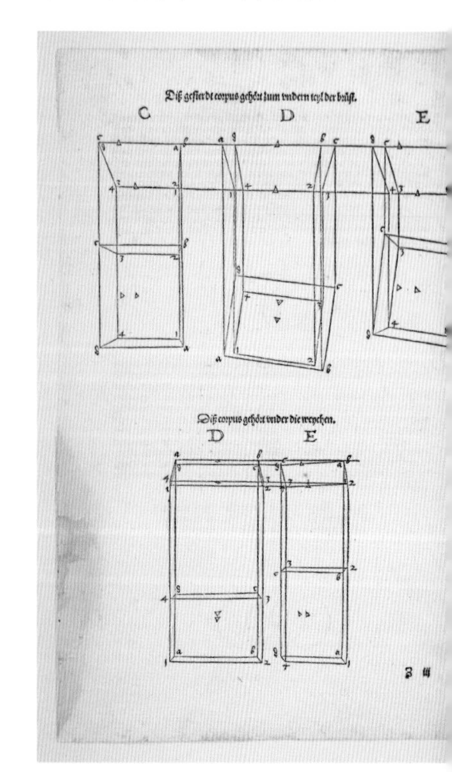

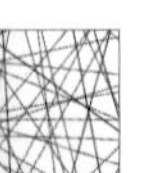

⬅ Merge 建筑事务所利用凹圆暗槽灯照亮整个空间，无形中拔高了空间的高度，给人以空旷高远的错觉。

⬇ 此休息室由丹麦家具品牌 Muuto 打造，用高背椅搭配低垂吊灯，让谈话空间变得与众不同。

72 原型 Prototyping

○ **使用原始模型和实物模型进行测试评估。**

参见
- 手工艺
- 创新
- 建模
- 科技

原型在室内设计中的运用与其在建筑和工业、工程等物理设计学科中的运用没有太大不同。原型的使用形式多样，可以出现在设计过程的各个阶段。设计师可以用原型来检测设计过程中产生的一些概念、想法和细节。我们可以在草图和三维演示图中快速测试原型。原型是激发创造力和交流设计思路的有效工具。

在进行初步测试以后，可使用实体模型、3D 打印模型和更大的模型来制作原型，测试各种定制的元素，如定制的墙饰、橱柜、室内装饰或独特的家具元素。在概念尚未完全成型之前，可以在关键节点借助原型来确认概念是否可行。原型在本质上是可以更新换代的，在对功能、可用性或效果进行多次测试以后，设计方案便得到了提升。在这一阶段，制造商或承包商将备好实体模型，供设计师和客户测试。

⬇ CO-G 建筑工作室创始人埃尔·格德曼（Elle Gerdeman）为美国波士顿海港社区制作的一个展馆研究模型。

⬅ Hannah 公司尝试用大型3D 打印混凝土来制造构件或家具。

⬇ 家具设计制造公司 Blu Dot（位于美国明尼苏达州明尼阿波利斯市）在设计过程中制作的小型家具模型。

73 比例 Ratio

○ **两个物体或空间之间可度量的关系。**

参见
· 对齐
· 匀称
· 三分法
· 体量

比例是两个或多个物体或表面在大小上的相互比较。这一数值可以影响空间内部元素的构成、均衡和感知尺度。“比例”与“匀称”这两条原则密切相关，比例可以被看作是一套用以确保设计均衡、有序和一致的规则。

在配色的过程中我们会用到比例，比如主色或基础色的占比要大于其他颜色。在摆放家具的时候也会用到比例，比如，我们根据椅子的尺寸和舒适度，或者沙发与餐椅之间的距离，来确定餐桌周围的餐椅数量。高比例可以起到强调的作用，比如我们利用表面和其上元素之间的悬殊大小来突出墙上的艺术品或其他物品，或者在房间和连接空间使用相对大小来突出空间。

设计师经常将黄金比例作为成功构图的关键指标，但其实并没有证据表明该比例比其他构图更规则，比如三分法则或双矩形法则实际上都更具有吸引力。设计师都受到过构图规则方面的训练，知道如何排布元素会显得美观怡人。但在实际应用中，这些规则只是基本设计原则，它可以帮助我们确定房间多大多高、家具如何摆放，引导我们制定其他构图策略。

拓展阅读

《黄金比例：设计的最大神话》（*The Golden Ratio Design’s Biggest Myth*），出自《快公司》（美国最具影响力的商业杂志之一），作者约翰·布朗利（John Brownlee）。

⬇ 黄金比例一直被当作衡量构图成功与否的标准，但事实证明，这一评判并不标准，因为有很多套用黄金比例的元素仍显得杂乱无序。

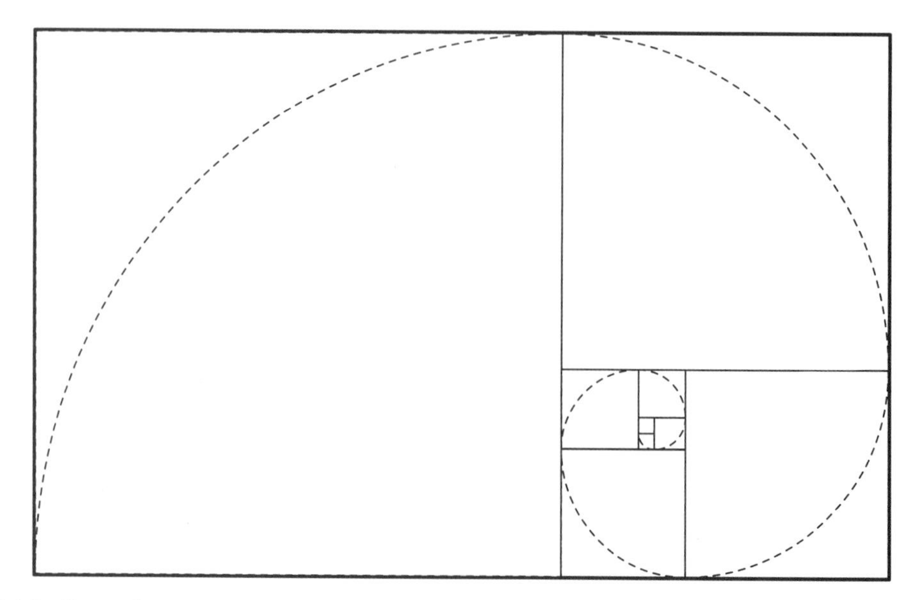

⬅ 意大利家具品牌Arper的工作室中，座椅、显示器和室内元素在数量上互成比例，颇具质感。

⬇ 大尺寸的Muuto箱式凳与窗帘和亚光黑色的墙面在色彩上相互呼应，和谐一致。

74 红线 Red Thread

○ **将一个或多个空间串联在一起的特征、主题或元素。**

参见：
· 配色方案
· 家具
· 摆放
· 叙事

红线（在瑞典和北欧文化中，最初便是被称为“红线”，而在有些地方则被称为“金线”）存在于各部分之中，并将各部分串联起来，成为有价值的整体。“红线”这一概念源自古希腊神话中的忒修斯和牛头怪的故事。故事中，忒修斯使用阿里阿德涅交给他的一团红线沿途寻找路径，最终逃出了牛头怪设下的迷宫陷阱。

室内设计中的红线可以用重复出现的材料、颜色或人工制品来体现。当然，我们不可能也没有必要用真线将空间串联起来，而是通过重复相似元素让设计变得更加统一。这些核心元素就像黏合剂，将看似零散的项目凝聚起来（无论是通过空间条件还是不同材质），它们会在各个房间逐一闪现，成为暗示空间关联的线索。

设计中可以用来充当红线的东西有很多，大致可以分为以下几类：

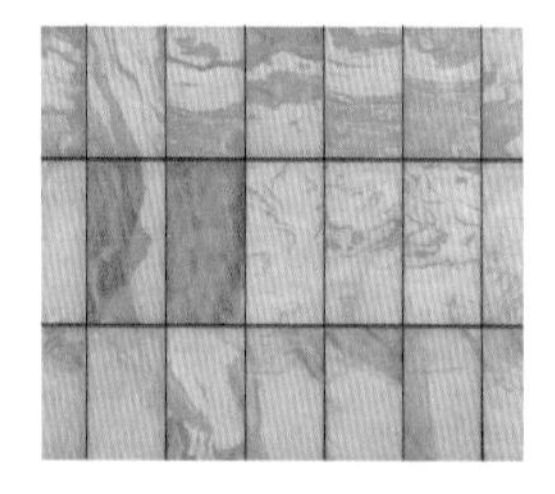

颜色

为每个空间挑选基础色（以中性白色居多）或背景色，在此基础上添置家具和其他元素。

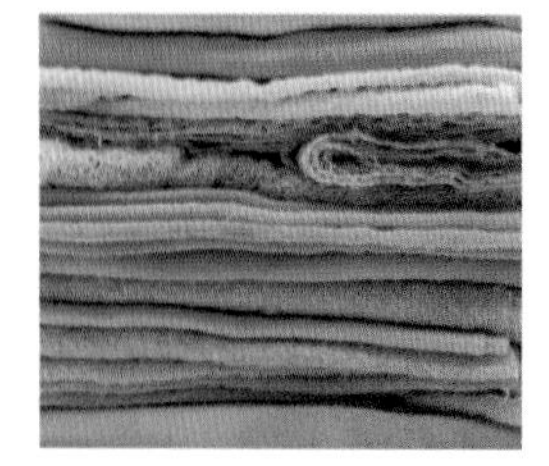

材料

在空间中使用的各种材料，要选择一致的触感、织法和陈列方式。

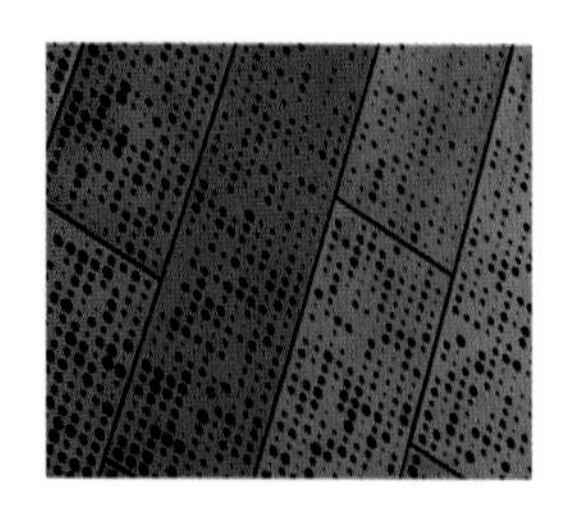

细节

常见设计元素（如门框、柜台等）中反复出现的细节，或显示表面拼接方式的细节。为突出某一元素，允许细节偶有不同。

主题

选择一种可以将各个房间串联起来的方式。通常可以用艺术品来烘托空间主题。在选择和摆放艺术品时，可以选择一致的主题和图案。采用相似的安装高度和边框类型有助于保持空间一致性。

➡ 此创客空间位于美国马萨诸塞州布鲁克莱恩的帕克学校，橙色是串联空间的红线，它出现在电线、桌脚以及定制货架的细节处。
（设计方：Utile 设计公司）

➡ 此办公休息区位于丹麦毕马威总部，地毯、座椅和Baux 声学瓷砖墙上呈现出深浅不一的蓝色，统一了整个房间的色调。
（设计师：弗朗西斯科·萨里亚）

75 地域性 Regionalism

○ **注重文化传统与历史的设计。**

“地域性”指设计师通过建筑所处的地理、文化和社会环境，审视历史发展与社会进步，属于专业领域的“地域主义”。纵览设计专业发展史，地域性设计观的出现饱受争议，因为它与崇尚创新与进步的设计文化背道而驰。

面对纷繁复杂的现代主义美学，地域主义者进行了有力的回击，这为后现代主义思潮的兴起提供了契机。1983 年，建筑历史学家肯尼斯・弗兰普顿（Kenneth Frampton）在文章中提到了批判性地域主义的观点：“批判性地域主义应该批判地学习质量普遍较好的现代建筑，但同时也应重视建筑所处的地理环境。”

地域主义设计师观察空间所处的环境和地方传统，力求挑选出与自己和使用者有共鸣的材料，由此产生的设计方案，在形式和选材上会更加贴合现场环境。应该说，地域性并不排斥现代设计，而是试图调和全球化背景下各种设计理念之间的冲突。

⬇ 澳大利亚悉尼歌剧院内景。
（设计方：Utzon）

⬅ 位于丹麦哥本哈根的巴格斯韦德教堂，内部拱顶和柔和的光线既呼应了传统教堂的设计风格，又保留了现代建筑的细腻质感。
（设计方：Jørn Utzon）

➡ 埃及某住宅运用现代建造技术呈现古老的建筑形式，极具地方特色。
（设计师：当地建筑师哈桑·法帝）

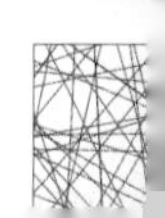

76 展示 Representation

○ 用图纸和图表来解释设计。

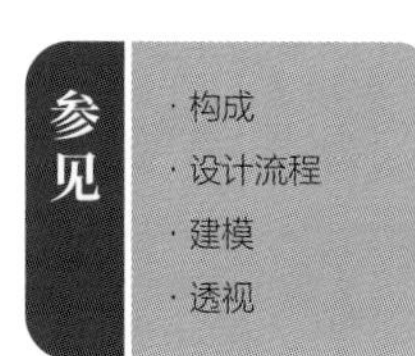

展示是室内设计师重要的表达工具之一。项目展示可以增强设计意图，便于设计师在规划空间和选择材料时做出决策，并通过客观绘图方法描述抽象的设计理念。项目展示绝不仅仅是用图画来描绘项目，它更是项目意图的集中体现。设计师可以从使用者的角度来诠释项目，让展示变得更加主观和生动。从本质上讲，展示是一种解释设计意图的视觉叙事方法。

网上有许多虚拟社群和在线教程，可以帮助我们了解展示功能，掌握必要的软件和技巧。例如，学习如何创建逼真的图像，使用绘图技巧来解释设计中不可或缺的特征等。这些制图技巧往往使用直观生动的分解图表来解释设计意图。

除效果图和轮廓图外，设计师还可以使用更抽象的图画，如拼贴画、材料成分图，或手绘图和草图，来展示设计项目的风格和形态。

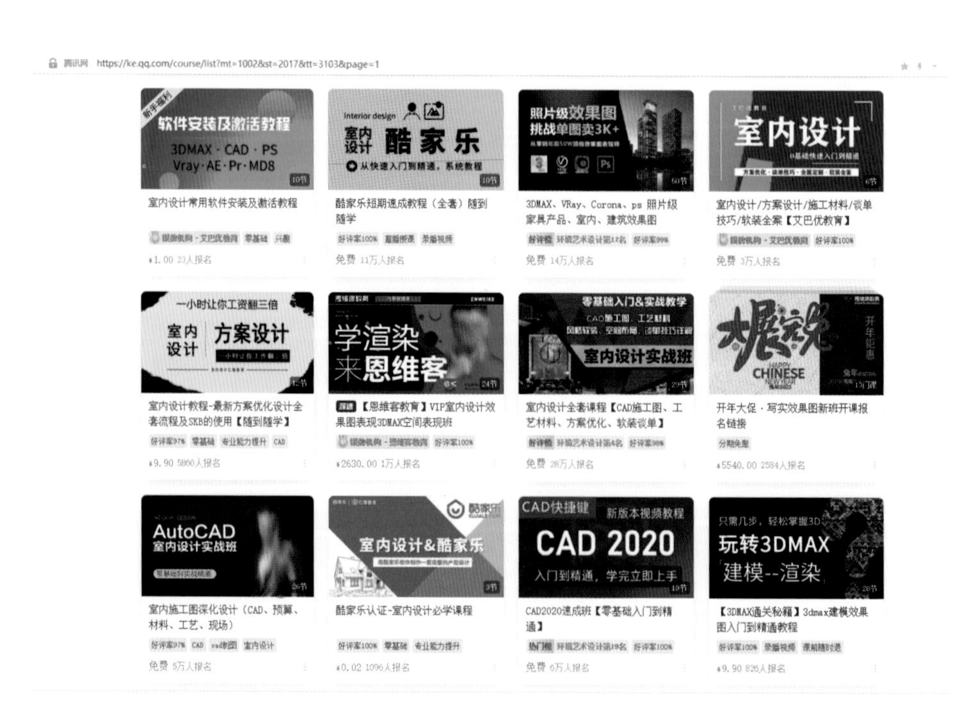

⬇ 设计师兼讲师马库斯·马丁内斯（Marcus Martinez）用手绘草图形象生动地呈现设计方案。

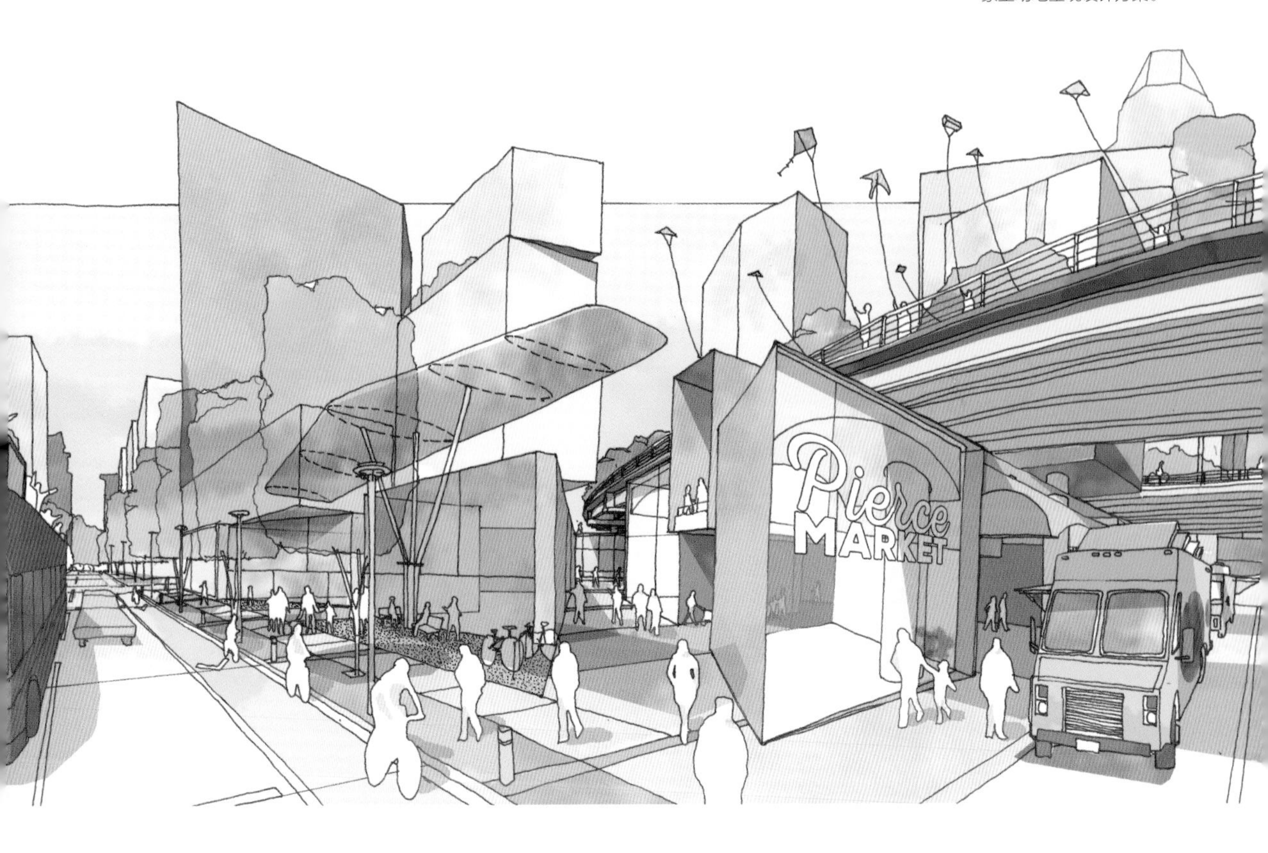

⬅➡ 网上有许多视频资源可供室内设计师自学深造。有些视频课程可能是付费内容，观看前请注意相关提示。

77 韵律 Rhythm

○ **相关设计元素按一定规律运动、波动或变化。**

参见
· 网格
· 度量
· 动态
· 纹理

韵律在室内空间的塑造中扮演着重要的角色。当设计元素以一定的间隔重复出现时，会产生一种律动感，从而创造出视觉趣味性。图案的渐进、过渡和重复便会产生韵律。相似的颜色、材料、形状的细微变化，以及元素的渐次变化，也会带来这种韵律。

室内设计中存在以下 3 种韵律：

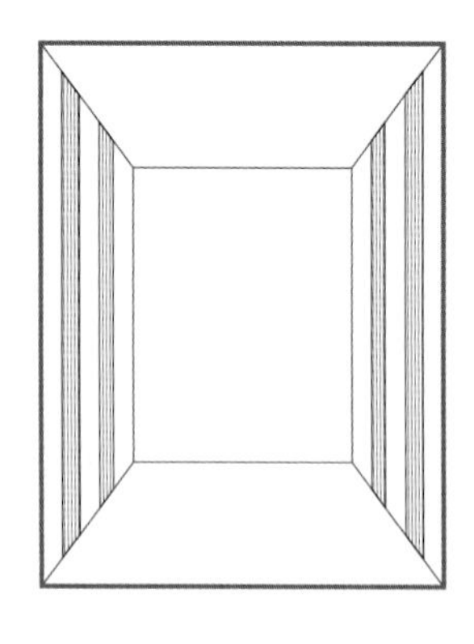

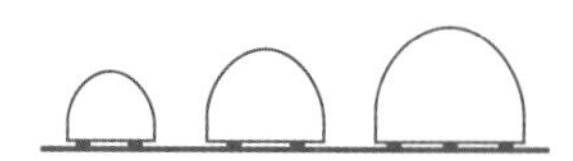

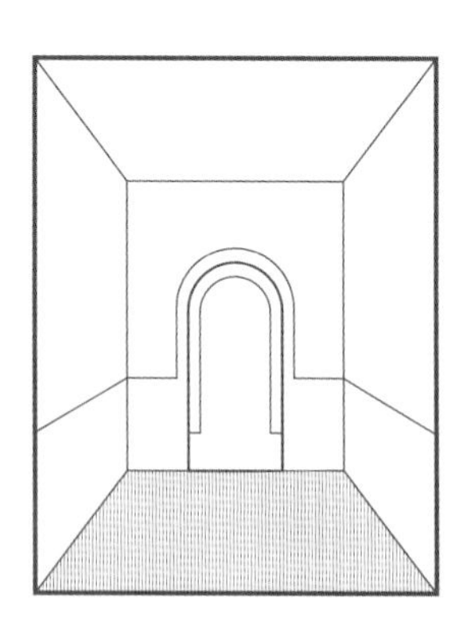

重复

在空间中可以重复使用的设计元素，比如织物、图案、颜色、纹理、线条、光线或物品等。设计师可以通过重复这些元素来打造连贯流畅的空间。

渐进

也称“渐变”。一系列元素渐次变化形状、大小和颜色，便会形成渐进的韵律。从小到大依次排列物体可以产生韵律，例如我们日常生活中见到的套几和储物箱。光线和颜色的渐次变化（如明暗变化或色调从深到浅变化）也能产生韵律。所有这些大小、光线、形状或颜色的渐变，都可以为空间增添深邃感和律动感。

过渡

一系列元素在空间内部或沿一定轨迹流动，会产生过渡式韵律。此类韵律常见于建筑结构或家具，如楼梯栏杆、餐桌、拱门或看得见风景的窗户。在过渡式韵律中，设计师通过巧妙地排布设计元素，牵引着观众的视线沿一条线从房间的一点到另一点。

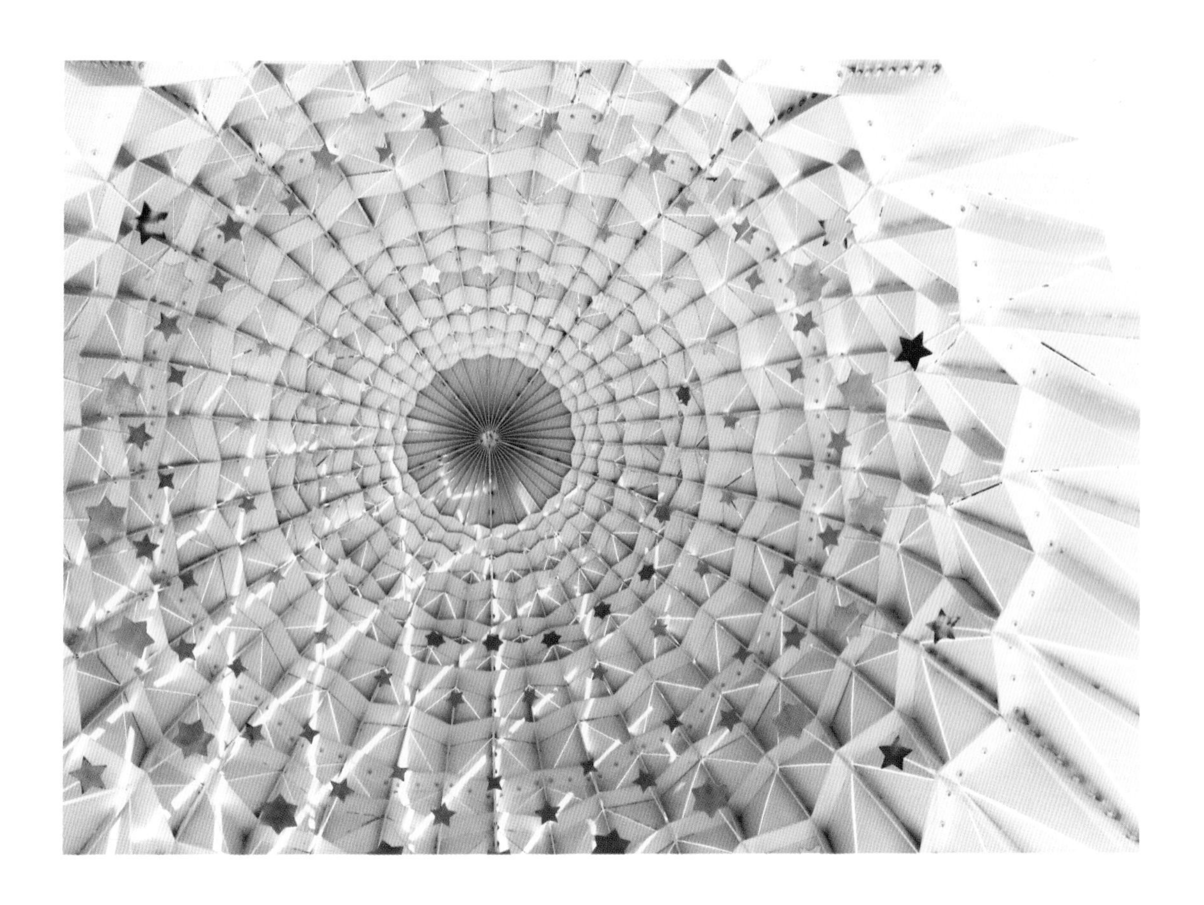

⬆ 伊朗艺术家萨汉德·赫萨米扬（Sahand Hesamiyan）创作的雕塑作品《哈尔瓦特》（*Khalvat*，2014 年），其内部按规律排布着无数个重复的元素，极具节奏和韵律。

➡ 凯利·哈里斯·史密斯（Kelly Harris Smith）设计的“纽扣”软垫凳，由高低错落的软垫凳组合而成，充满童趣。

78 三分法 Rule of Third

○ **图像或空间的结构配置方法。**

参见
· 均衡
· 层次
· 透视
· 展示

三分法是一种源自美术绘画的构图方法，它将画面分成九宫格。该法则不建议将主要元素放在画面中心，而是放在其中一条轴线上。

虽然这一法则围绕静态视角来构图，但它也能在动态情况下发挥巨大作用。例如，当我们透过各种孔洞和边框（如门窗和大开口）观察元素时，可以使用三分法来确定如何摆放元素。此外，我们也可以使用独立元素来水平分割空间，如柜台、架子、桌子等，增强其中一条主轴。

在构建墙立面时，可以借助三分法来摆放艺术品，确定壁灯位置，判断材料、饰面或颜色可能发生变化的位置。

此外，它也是拍摄项目完工照片时的一个值得考虑的构图原则。设计师可以学习专业摄影师的拍摄手法，利用三分构图法来捕捉画面，拍下对项目具有重要意义的图片。

⬇ 构图时，可以将图像主体安排在内部交叉点上（下图圆圈处），借助交叉点所延伸出的四条轴线进行水平对齐和垂直对齐。许多数码相机和 3D 应用程序都配备这一网格功能，操作简便。

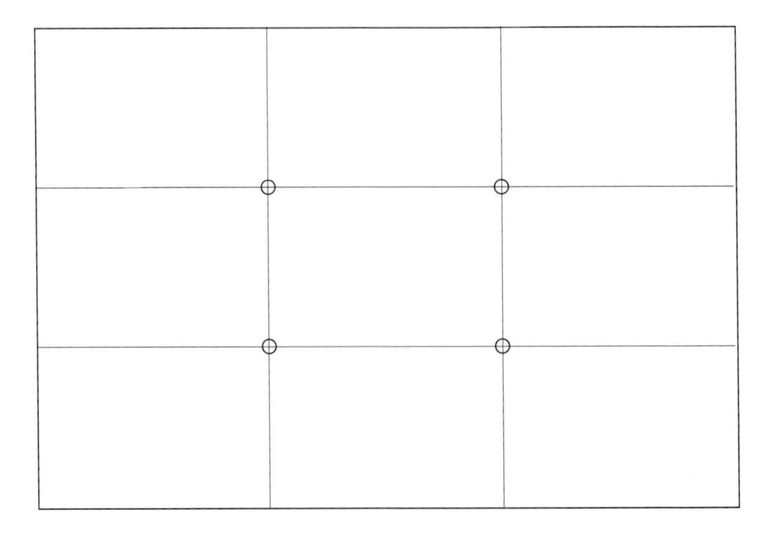

⬆ 利用三分法捕捉镜头，沿轴线准确对齐，确保方框内比例匀称，画面均衡。

➡ 窗台角落里的书桌、边架和吊灯都按三分法适当摆放。

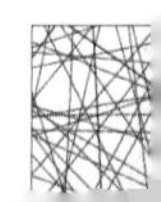

79 比例尺 Scale

○ **测量距离的一系列标记或点，两组数据之间的比例。**

参见
· 深度
· 形式
· 匀称
· 比例

比例尺在室内设计中有多重含义：它可以指工程制图中的绘制方法，也可以指空间距离的测量方法，还可以指物体大小之间的比例。

比例图的概念存在了数百年之久，我们在达·芬奇的早期画作中便可以找到其身影。虽然用比例图来表达设计的想法古已有之（见古代素描画），但这一概念正式成形是在工业革命时期，当时人们开始用计数法来描述全尺寸的物体。比例尺通常是指一条可度量的线条相对于其全尺寸的比例。设计项目中的每个比例尺都有特定的用意。常见的比例图有平面图、剖面图、正投影图等，任何可度量的图纸都可以绘制成比例图。

比例尺在室内设计中的另一层含义是“比例”，这层含义较浅显易懂。具体而言，它是指空间里或表面上的一样物体相对于另一样物体的大小。把大件物品放在小房间里，会显得拥挤而不合比例；而把小件物品放在硕大空间里，则显得格格不入。和谐与均衡始终是室内设计中不可忽视的问题，而合乎比例是实现均衡的关键。不过，何为“正确”的尺寸有待设计师的诠释，有时它会彻底颠覆人们的认知。

比例尺及用途

比例尺		用途
英制	国际单位制（SI）	
1/32" 及以上	1 ： 500 及以上	现场图纸和城市图纸
1/16"	1 ： 200	总体平面图
1/4"	1 ： 100	放大后的平面图、剖面图和木制品图纸
1/2"	1 ： 10	详图和放大后的剖面图
全尺寸	1 ： 1	非常详细的连接节点图

➡ 不同种类的图纸可以传达不同的信息。测量比例分母越小，图纸传达的信息就越多。右图所示为木制品详图，描述了两件内置家具的制作详情。

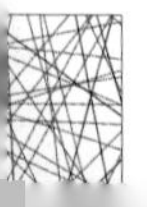

⬇ Patricia Ready 艺术画廊中，星罗棋布的元素加上小画幅的艺术品，让空间显得空旷无比。
（设计方：elton_léniz 和 Izquierdo Lehmann 建筑公司）

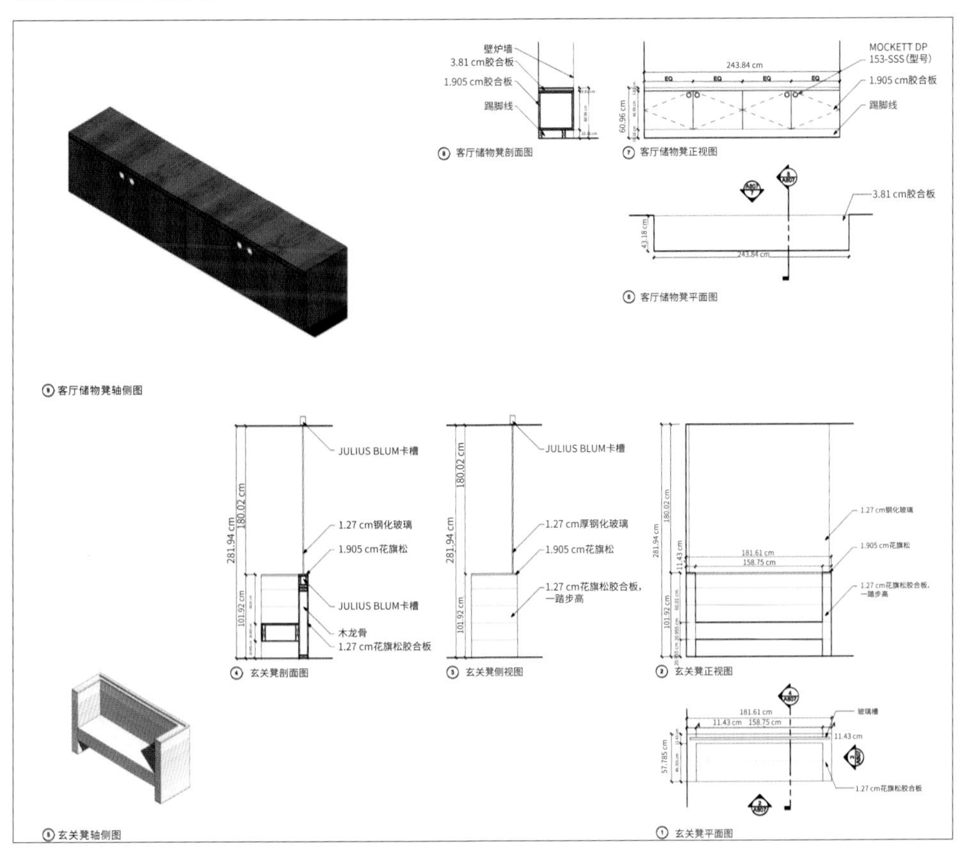

80 形状 Shape

○ **物体轮廓所界定的二维区域。**

自然形状或有机形状是指自然界中可以找到，或受自然启发而衍生出的形状，树叶、植物、云彩、河流、海浪，还有种种风景及自然本身，都属于自然形状。这些形状给人以柔和、平静的感觉。

几何形状可以用数学来定义，可以测出面积和大小。它由正方形、三角形、矩形、圆形及各种基本图形组成。

抽象形状，有时也称为“非具象”，是由艺术家或设计师用不规则边线创造而成的。它可能是几何形状或自然形状的变体或组合，但它不是随心所欲的产物，而是为特定功用精心设计出来的。

曲线形状可以带动视线移动，看起来更加柔和、平易近人；而带锐角或直线的形状则饱含力量，象征着结构和秩序。

设计师可以从三维角度探索室内元素的形状。在对空间结构和体量经过一番细致考量之后，设计师可以通过家具的摆放或布置，塑造家具的预期使用方式。家具、灯具等元素的轮廓在空间里呈现出一定的形状，再借助织物、墙瓦、地板或布料上的二维图案，将人的视线吸引到特定的物体或形状上来。

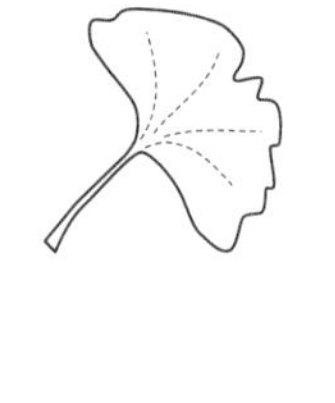

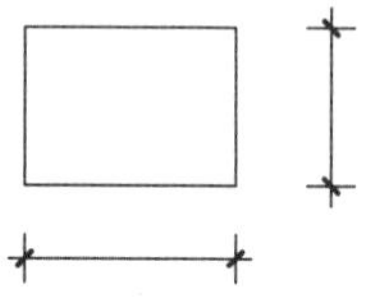

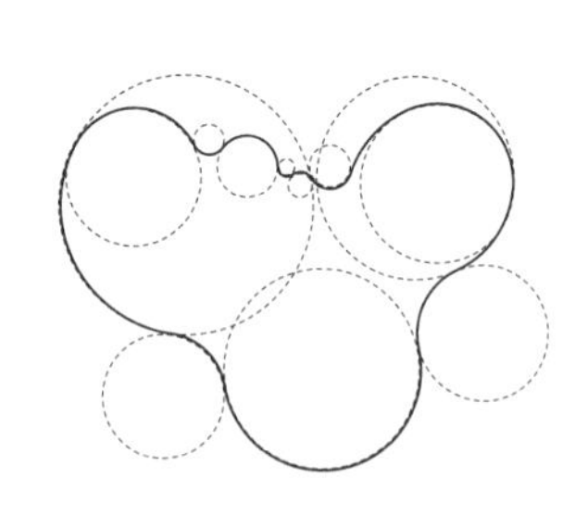

⬆ 从上到下依次为银杏叶、规则形状以及由阿尔瓦·阿尔托（Alvar Aalto）设计的花瓶（1937 年）描出的弧线。

⬆ 位于卡塔尔多哈的 Cloud & Co. 冰淇淋店，从荷兰艺术家埃舍尔（M. C. Escher）的几何艺术品中汲取灵感，将另类别致的形状注入内置家具和装饰品中。

⬇ 丹麦比隆一所学校，用不规则形状打造弧形游乐设施，趣味丛生。

81 视线 Sight Lines

○ **观察者与远处的物体、空间或景观之间不被遮挡的视野。**

视线是室内设计中的一个重要考虑因素。宽泛地说，它是连接观察者与观察对象之间的一条隐形直线。视线是引导空间方向和诠释空间内涵的有效工具。

视线是礼堂、体育馆、剧院等公共建筑设计规划过程中的重要条件。它有助于确定座位配置，确保观众将运动场或舞台场景尽收眼底，还能为安全进出提供视觉通道。此类项目的一个重要考虑因素是C值，即观众视线与前一排观众眼睛之间的垂直距离。C值最终决定了座椅的倾斜度或上升坡度。

在许多项目中，视线通廊（即连接视点与景点之间的直线）的概念具有举足轻重的地位，它暗示了空间内的运动轨迹。视线是寻路时的有效工具，通过清晰地标发挥作用。视线还能开拓领路人的视野，引领跟随者向特定方向移动。在展厅或博物馆里，视线提示了前方有待补充的信息，增强了展览的叙事效果。

在住宅中，将一个空间与另一个空间建立视觉联系，可以增强流动性，给人以开阔通达的感觉。在设计住宅时，常将厨房与客厅和餐厅连通布置，营造开阔的视野。双层通高或天窗可以延长垂直视线，提高室内采光效果。但卧室和浴室等私密空间就不需要如此开阔通达了。

温馨提示

在家里（或其他空间）巧用镜子，可以反射景象，扩大视觉空间。

⬆ 视线是医院内部环境中的重要考虑因素。图示为美国宾夕法尼亚州州立大学弥尔顿·赫尔希医疗中心，开阔明亮的空间，以及指示清晰的标牌，便于患者快速找到需要的服务区。
（设计方: Payette 建筑设计公司）

➡ 图示为挪威奥斯陆公共图书馆，运用双层通高，允许视线落到其他楼层，引导读者前往观看。
（设计方：Lund Hagem Arkitekter AS）

82 社会影响 Social Impac

○ **运用设计策略和解决方案带来积极的社会变革。**

参见
· 无障碍设计
· 适应性
· 以人为本的设计
· 包容性

为社会影响而设计是“对各种体系（包括经济、社会、人际关系体系等）的质询，目的是为那些长久以来被设计边缘化的人们发声，创造改变的机会”。

这是一个相对较新的领域，出现不过 30 年的时间。它并不局限于室内设计，而是作为一种策略存在于多个设计学科中，包括产品设计、平面设计、建筑设计、景观设计和室内设计。它利用设计过程中的现有工具来审视偏见，力求消除和减少失衡，破除设计中的陈规旧习。

革新不能光靠单打独斗，还要与人并肩作战。因此，设计师要摆正自己在设计决策中的角色，明确自己的合作对象，挑战自我。这是一个困难重重的过程，最后可能陷入纷乱的局面；虽然会有短期的成功，但失败也会是工作的一部分。从长期来看，经过广泛评估、观察和反馈得出的结果可能更加可靠。

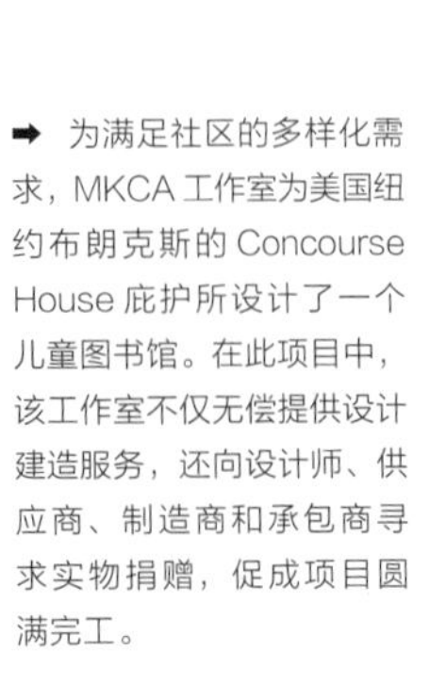

➡ 为满足社区的多样化需求，MKCA 工作室为美国纽约布朗克斯的 Concourse House 庇护所设计了一个儿童图书馆。在此项目中，该工作室不仅无偿提供设计建造服务，还向设计师、供应商、制造商和承包商寻求实物捐赠，促成项目圆满完工。

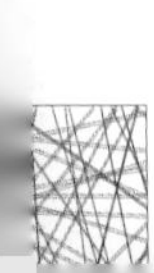

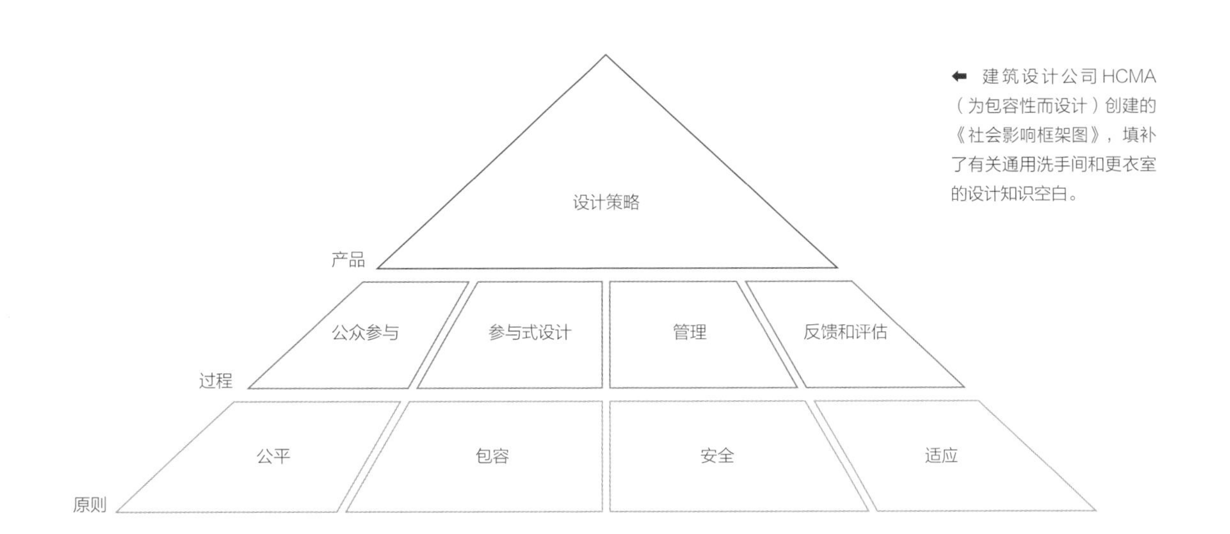

← 建筑设计公司HCMA（为包容性而设计）创建的《社会影响框架图》，填补了有关通用洗手间和更衣室的设计知识空白。

83 空间 Space

○ **由维度组成的平面或体量。**

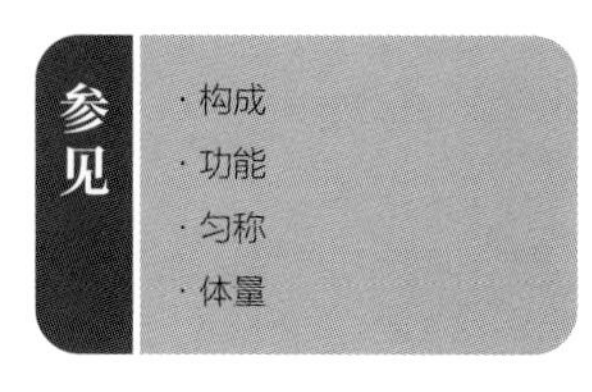
参见
· 构成
· 功能
· 匀称
· 体量

在室内设计中存在两种空间类型：二维空间和三维空间。设计师可以把空间当作画布，在其上描绘项目创意。在设计时，设计师需要测算房间的面积（地板或墙面的长度和宽度决定了材料的数量）和体积（用第三维的高度来计算空气流通量、光照强度和结构需求）。

空间也可以分为正空间和负空间。正空间包含物体，如家具、固态物体、艺术品和其他造型元素；负空间则是建筑体量或表面中“空”的部分。如何在正负空间之间保持平衡，是设计师在考虑空间构成和设计流通方向时的重要命题。如果房间里的物体过多（正空间太多），就会给人杂乱无章的感觉。我们在设计书房、肖像画廊或图书馆时，就可以运用此策略，将藏品或展品聚集起来。相反，在大体量的空间里摆放少量物品，则会给人宁静平和的感觉，可以让物品在空间中更加凸显（这是一种典型的极简主义设计方法）。在设计水疗中心、现代博物馆等开放空间或者宽敞住宅时，建议搭配充足的光线，往往会取得更理想的效果。

室内空间通常由项目现有条件来决定。设计师可以在结构工程师的指导下，在水平、垂直方向开设孔洞，建立物理联系和视觉连接。现有结构条件将决定室内空间的预期用途，限制空间内的元素数量，可通过色彩和纹理影响对空间表面或体量的感知。

⬇ 美国洛杉矶布洛德美术馆，利用负空间（走廊）开阔视野，同时利用正空间（顶棚上有序排列的孔洞）过滤光线，增添立面趣味。
（设计方：Diller Scofidio + Renfro 建筑事务所）

➡ 在瑞典斯莫兰省的林奈图书馆，光线从二层高的顶棚倾泻而下，整个空间灯火通明，海量藏书一览无余。

另请参阅

环境心理学是心理学的一个分支，旨在探索人类与外部世界之间的关系。

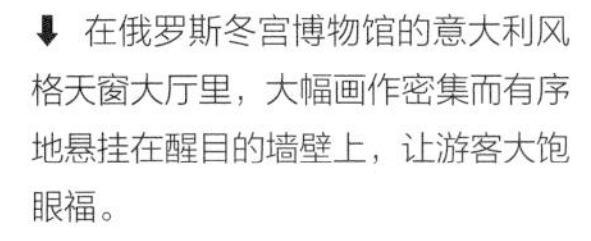

⬇ 在俄罗斯冬宫博物馆的意大利风格天窗大厅里，大幅画作密集而有序地悬挂在醒目的墙壁上，让游客大饱眼福。

84 规格说明 Specifications

○ **描述设计意图和家具陈设的方法。**

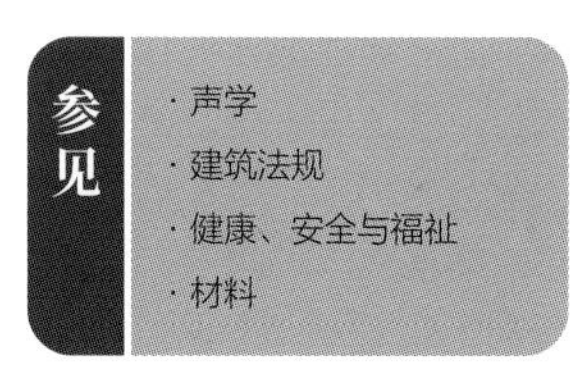

参见
·声学
·建筑法规
·健康、安全与福祉
·材料

拓展阅读

《室内设计材料和规格》（*Interior Design Materials and Specifications*），作者丽莎·戈德西（Lisa Godsey），Fairchild Books 出版社出版，2017 年。

规格说明详细描述了项目的所有材料和物品、预期的工艺水平，以及已公布的项目标准。它以文本形式描述了项目中的所有方面，如饰面类型、照明、基材和家具等。起草规格说明（连同设计图纸、项目进度表和设计详图）是为了面向承包商和供应商开展竞争性招标。

规格说明可以分为开放式和封闭式两类，有时也称作“规定性”或“专有性”。开放式（规定性）规格说明围绕性能展开，允许存在替代品，可供竞争性招标使用。而封闭式（专有性）规格说明专为项目中的必要元素而设，它在文本中指定了某一特定元素（如某一制造商生产的某件家具），而且限制了其他替代品的范围。选用哪种规格说明要视项目类型而定。例如，商业项目最好采用开放式规格说明，因为它的范围更宽泛，选项更灵活，可接受其他替代品。而较特殊的项目（例如需达到企业标准的高端零售空间，或由客户指定成品饰面的住宅项目）则需使用封闭式规格说明。

此外，规格说明中应使用正规的语言和语法。在撰写规格说明时，可寻求专业顾问和相关软件的帮助。因此，设计师要先考虑项目类型，再决定采用哪种规格说明更为合适。

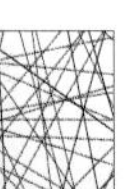

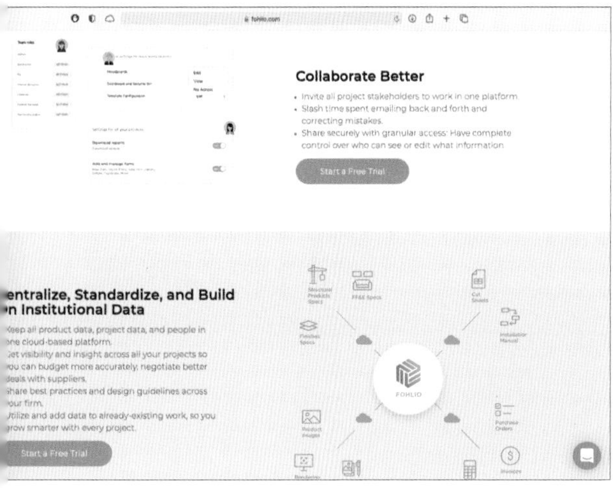

"KURVE 系列"桌椅
（设计师：Alan Dandron、Avery Handy）

休闲椅

椅子 480-04	椅子 480-01	椅子 480-03	软垫凳 480-02	长凳 480-50B
低靠背	旋转	旋翼	宽：60.96 cm	宽：127 cm
宽：76.2 cm	宽：83.82 cm	宽：83.82 cm	深：60.96 cm	深：60.76 cm
深：76.2 cm	深：86.36 cm	深：86.36 cm	高：41.91 cm	高：41.91 cm
高：83.82 cm	高：100.33 cm	高：100.33 cm		
座高：43.18 cm	座高：43.18 cm	座高：43.18 cm		
臂高：59.69 cm	臂高：62.23 cm	臂高：62.23 cm		

桌子

桌子 481-24CL	桌子 481-24CH	桌子 481-20CH	桌子 481-24SL	桌子 481-20SH
宽：60.96 cm	宽：60.96 cm	宽：50.8 cm	宽：60.96 cm	宽：50.8 cm
深：60.96 cm	深：60.96 cm	深：50.8 cm	深：60.96 cm	深：50.8 cm
高：40.64 cm	高：50.8 cm	高：50.8 cm	高：40.64 cm	高：50.8 cm

有关完整的样式规格、选项和价格请参见 martinbrattrud.cpm。

⬆⬇➡ 使用规格说明软件、家具公司提供的单页纸来了解家具的材料和规格详情，确保指定产品安装准确。有的家具公司还会提供家具安装后的实景效果图。

85 叙事 Storytelling

○ **通过叙事建立使用者与空间之间的联系。**

参见
· 空间特色
· 情绪
· 地域性
· 室内造型

室内设计中的“叙事”是指通过空间和元素的精心规划和布局，叙述一段故事或创建一段旅程。它有助于设计师构思和决定选择哪些色彩、图案、材料和家具，可应用于住宅、商业空间等各种类型的室内空间。在强调空间体验的环境里，比如博物馆和购物商场，叙事手法尤为重要。

采用叙事手法有助于在设计对象与使用者之间建立情感联系。设计师通过视觉线索传达信息，建立与空间使用者之间的联系。

在文字发明以前，人类依靠讲故事和绘画将历史流传下来。在此过程中，这些故事将历史与记忆紧密联系起来。许多早期演说家使用想象中的空间（路径记忆法或“记忆宫殿”）作为帮助记忆的手段。在这一想象的空间里包含着许多元素，所有元素汇合构筑成集体记忆。亚里士多德在论述修辞学的基本框架时提到，叙事有七大基本要素——情节、人物、主题、辞藻、韵律、布景和场景。这七大要素并不是每样都与室内设计有关，但设计师可以借助其中几样来深入了解用户，唤起情感共鸣，通过设计来建立情感联系。

➡ 弗朗西斯·耶茨（Frances Yates）在《记忆术》一书中探索了空间在我们集体记忆中的作用。该书研究了早期演说家使用的几种助记方法，比如西塞罗（Cicero）在《论演说家》中提到的几种记忆方法。

← 这间位于美国拉斯维加斯的高档中餐厅“御品阁”，餐厅墙上定制了墙纸，其灵感来源于中国传统山水画。
（设计方：设计师吉尔·马莱克、切拉诺设计工作室）

↓ 桑希尔德·凯斯特勒（Sonnhild Kestler）为“马哈拉姆数字项目”设计的缤纷墙纸，名为“Arche Noah”。其上排列着一个个或抽象或具体的丝印图案，饶有趣味。

86 室内造型 Styling

○ **为增添视觉趣味而特意摆放室内元素。**

参见
· 空间特色
· 分层
· 情绪
· 叙事

“室内造型”是指利用书籍、艺术品、雕塑、植物等物品来营造视觉平衡，为原本略显空洞的设计增添趣味。陈设家具、摆放配件、添置墙饰和地板，都有助于打造理想的空间，取得令人满意的效果。

室内造型也具有一定功能，要想实现它的功能，需要运用巧思，精心摆放各种配件、小件装饰品、艺术品和带陈列品的家具。

室内造型所用配件通常要比家具小，可以增强室内视觉效果。此类功能配件包括花瓶或花盆、杂志架、挂钟，或者易触景生情的物品，如相片或纪念品等。这些物品值得大方展示，无需束之高阁。

此外，我们还能通过室内摆放的小件物品探知空间日常使用者（不论是个人、家庭还是公司）的爱好和品位。

拓展阅读

《室内设计手册：陈设软装设计》（*The Interior Design Handbook: Furnish, Decorate,and Style Your Space*），作者弗里达·拉姆斯泰特（Frida RamStodt），Clarkson Potter 出版社出版，2020 年。

《从桌面到书架，布置房间的时尚秘诀》（*Styled Secrets for Arranging Rooms, from Tabletops to Bookshelves*），作者埃米莉·亨德森（Emily Henderson），Potter Style 出版社出版，2015 年。

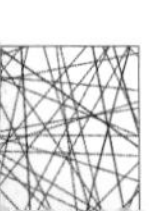

⬆ 此室内空间中的挂画、植物、书籍和各类艺术品共同塑造了空间基调和风格，增添了无限的视觉趣味。
（设计师：杰西卡·克莱因）

⬅➡ 巧妙组合的静物造型加强了空间风格，突出了室内氛围。改变物品组合的大小、高度、形状、颜色或纹理，将赋予设计更多生机和活力。

87 表面 Surface

○ **空间里物体和材料的最外层。**

参见
· 手工艺
· 饰面
· 材料
· 纹理

表面是项目的最后一层，和室内设计中许多其他原则一样，它与设计项目的听觉、视觉和触觉效果产生共鸣。

空间里的大部分体验是由表面带来的，比如墙面和地板上的涂料、木制品上的层压板以及陈设品上的织物，能给人带来不同的体验。表面与声学紧密相连，它具有反射性和吸收性，能增加室内的听觉感知。颜色，无论是材料中自带的还是表面上施加的，都会反射或吸收室内光线。纹理，无论是表面上的细微变形、织物上的拼接缝合，还是石膏墙的光滑饰面，都可以传递出不同的触感和质感。

物理世界中的表面大体可分为两类：漫射表面和金属表面。漫射材料表面相对粗糙，能使光线向各个方向散射，使物体看起来粗糙不一，这种现象被称为“菲涅耳效应”，它表明物体表面反射的光量取决于物体的观察角度。金属是指元素周期表中所定义的金、银、铜、铁、铝等元素，金属材料具有良好的导热性和导电性，这类材料的表面即金属表面。金属表面具有吸收、镜面反射和折射的特性，这些是选材时不可忽视的因素。

在室内设计师用来打造空间的所有工具中，表面可能是最简单同时也是最复杂的一个。除非完工的表面能很好地融入项目中，否则将无法体现室内设计的预期效果。

➡ 位于美国底特律的费舍尔大厦（建于 1928 年），是阿尔伯特 · 卡恩（Albert Kahn）最为人称道的杰作之一。充满艺术气息的室内装饰，在奢华表面的映衬下熠熠生辉。

⬅ 某联合办公空间里（位于加拿大蒙特利尔），多彩表面成为视觉焦点。
（设计方：Ivy 工作室）

⬇ 位于乌克兰基辅的某餐厅，运用大小不一、特色拼接的材料表面，吸引客人前来光顾。
（设计方：Yakusha 设计工作室）

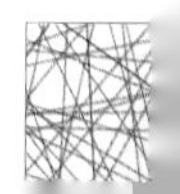

88 可持续性 Sustainability

○ **以可持续的方式收获或使用资源，防止资源消耗殆尽。**

设计可持续的室内环境，需要考虑如何减轻气候变化带来的影响，减少浪费，以及促进材料回收利用。为鼓励使用可持续的材料和产品，设计师需了解以下几方面内容：

国际上较为知名的机构（工具）
美国保险商实验室（UL）
健康产品声明合作组织（HPDC）
森林管理委员会（FSC）
WELL 建筑研究院
天祥集团
生命周期评估（LCA，由国际环境毒理学和化学学会提出）

健康环境
创造空气质量良好、供暖高效、通风自然顺畅、声学效果理想的空间，提供更加健康的入住体验。要想实现这一目标，建议使用含低挥发性有机化合物（VOC）的家具或产品，并在室内摆放绿植，以吸收二氧化碳。

能源效率
旨在减少供暖、照明和电器的所需能量。在挑选产品时，建议选择节能灯。当日光过强时，可安装遮阳装置，减少热增益。或者安装太阳能电池板，以充分利用太阳能。在地面铺设适当隔热装置、地板组件、辐射采暖地板和地毯，安装具有热绝缘性的建筑物围护结构。

减少浪费
可以通过回收、再循环和重新利用材料来减少浪费。选择由回收材料制成的合成材料，也可以减少和转移垃圾填埋场的废物。采用“从摇篮到摇篮”的生产模式，将废料转变成新的产品，可以发展循环经济。

长寿、灵活
在选择耐用材料时，应优先考虑质量而不是数量。生命周期评估（LCA）是一种评估产品整个生命周期的方法，涉及材料的提取、生产、运输、加工，以及废物的处理和回收。

降低环境影响
选择对环境影响最小的材料，比如木材、羊毛和石材，以及高度可再生的材料，比如竹子、软木。许多国家都设有第三方认证机构、倡议计划和评级系统，会依据《健康产品声明》对项目或产品进行排名或给予奖励。

⬇ 意大利家具品牌 Arper 与建筑设计公司 Gensler 联手打造的“Mixu 系列”座椅，设计时遵循两大原则——设计师定制和可持续性。此系列座椅支持拆卸重组，允许设计师自由搭配组合后工业时期的回收塑料、FSC 认证木材、回收钢材以及其他适配物品，但要求不含任何黏合剂、螺钉和复合材料。

⬆ Interface 是全球领先的可持续地板制造商，其使用的资源多为可再生能源，出产的地板产品中有 66% ~ 80% 为可回收产品。其还会公布《健康产品声明》（HPDs）中的所有成分。所有产品都符合《环境产品声明》（EPD）的要求，即基于 LCA 来评估各种因素。

89 象征 Symbolism

○ **赋予物体和空间的寓意。**

符号，或称“象征性元素”，常借物体来诠释空间功能。符号具有象征性——当你让一个孩子画一所房子时，他一般会毫不犹豫地画出一个方框，再在顶上画个三角形，以此指代房子。符号是人类习得的视觉语言，它与空间具有文化和历史上的联系。室内设计中运用象征手法最明显的例子就是城市公共空间，门楣上刻着的城市印章便显示着它的庄重威严。此外，宗教建筑也是比较典型的运用象征手法的例子。

设计师也可以以轻松活泼、出其不意的方式使用象征手法，比如在墙上开辟一个有边框的门洞，以此象征方向或指示性能，也可以借窗户形状来象征功能和类型。在以前，职位较高者的办公室常常偏置一隅，现如今，这一设计手法已被开阔空间和水平结构所取代。在办公室内摆放柔软沙发和座椅，可以减轻高高在上带来的压迫感，营造轻松愉快的工作氛围。

色彩也可以是情绪和气氛的象征，而且因文化传统而异。绚丽夺目的色彩常常象征积极活力，而自然色调则暗示平心静气或静默沉思。

⬇ 英国剑桥中央清真寺的祈祷大厅，室内耸立着多根木柱，与天窗接壤，象征着与天际神明的对话。（设计方：Marks Barfield 建筑事务所）

⬅ 约翰逊制蜡公司总部的“大工作室”（位于美国威斯康星州拉辛市），由建筑师弗兰克·劳埃德·赖特（Frank Lloyd Wright）设计。其内耸立的睡莲叶状立柱，像是遮天蔽日的保护伞，令人惊叹不已。

⬇ 奥地利维也纳正义宫大胆运用浅浮雕和华丽细部，凸显庄重威严。

90 对称 Symmetry

○ **元素沿中轴线两侧成双成对排列，或围绕中心点呈放射状排列。**

对称是传统室内空间布局中最常使用的原则，是排列物品和布置家具的基础。它与“均衡”原则（即在空间内均匀地分布物体）密切相关。

以对称为主要特色的空间，是以一种元素（如家具、地板或吊顶灯具）为基准建立中轴线，围绕此中轴线在两侧依次排列物体。体量较小的房间适宜采用对称布局，因为井然有序的布局更易满足室内流通的要求。住宅设计中的餐厅和卧室，以及商业空间和教学空间设计中的会议室和教室，往往需要采用对称的解决方案。

径向对称是沿中心点排列。圆形空间或有足够流通空间的室内环境，适宜采用此种布局方式。在这种对称布局中，吊顶灯具或雕塑可成为理想的实现此排列形式的物品。

⬇ 英国伦敦大英博物馆大厅中央，两侧楼梯环绕鼓形阅览室和玻璃顶棚对称而建。（设计方：Foster + Partners 建筑设计公司）

⬆ 家具品牌 Arper 推出的长凳和椅子，将线性的元素支撑起来。
（设计师：利沃尔·阿尔瑟尔·莫利纳）

➡ 美国印第安纳州哥伦比亚市的米勒之家，建于 1957 年。设计师因地制宜地建造了一个凹陷的谈话空间，此空间虽没有位于房间的正中央，但周边元素都围绕它摆放。
（设计方：Eero Saarinen & Associates）

91 科技 Technology

○ **使用计算机设备协助设计空间，增强空间功能。**

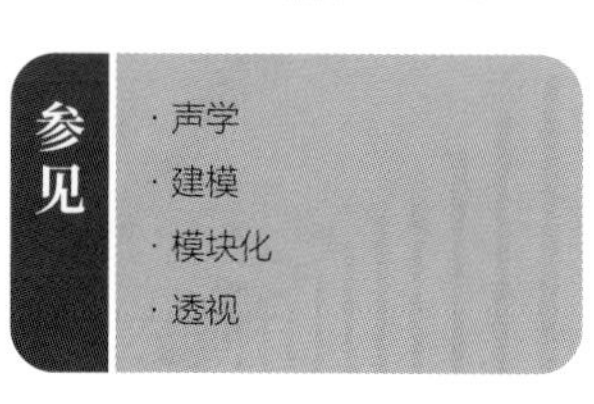

随着连网设备的日益普及，科技在建筑环境中发挥着越来越重要的作用。借助应用程序、连网设备和智能音箱，我们能够随心所欲地控制室内元素（锁、灯、温控仪等），方便快捷地获得可持续照明及控制室内环境，以及利用声控轻松自如地实现空间功能。在商业空间和零售空间，触摸屏的使用有助于快速找到路径，或者帮助获知营业时间和房间用途，以及通过虚拟试衣间挑选衣物，从而为我们提供更深刻的使用体验。

科技也是选择和使用设计工具的一个主导因素。它被越来越多地应用于综合项目交付、客户与承包商之间进行沟通、通过增强现实和虚拟现实辅助设计决策，以及识别项目各阶段中存在的问题。按需印刷模式的快速发展和日益复杂则从侧面印证了科技在本行业中的无处不在。

然而，过度依赖科技也潜藏着危险。科技发展如此迅速，即使最新一代的设备或集成技术也可能会很快过时，于是无数公司惨遭收购和抛弃。尖端技术往往造价昂贵，需要悉心维护。此外，在使用连网设备时，也要警惕隐私问题。

⬇ 乔里斯·拉尔曼实验室（Joris Laarman Lab）热衷于新颖的数字制造方法，图为机器人焊接技术的运用。

⬆ 美国马萨诸塞州剑桥市的动态雕塑“散射合唱团”（Diffusion Choir），通过模拟鸟群移动激活整个大厅。
（设计方：SoSo Limited 工作室）

➡ 在印度孟买国际机场内，耸立着几个造型复杂的立柱，它既能提供光照，又兼具结构功能。
（设计方：SOM 建筑设计事务所）

92 纹理 Texture

○ **材料的视觉或触觉表面所呈现的特征和外观。**

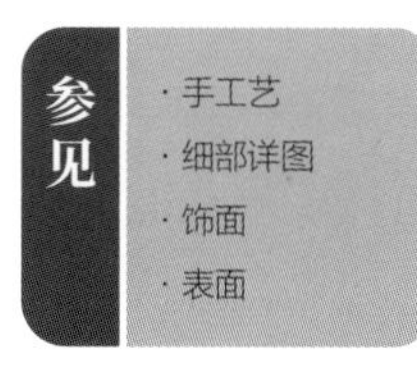

室内设计中的纹理可分为两类：视觉纹理和触觉纹理。木材和石材都属于视觉纹理材料，它们通常摸起来很光滑，按其天然脉络来定义。触觉纹理具有三维属性，可以用手感知，比如织物和地毯都属于触觉纹理材料，可以手工制作，也可以机器制作，触感从光滑到粗糙不等，均能增添空间的整体质感。

在运用纹理时，室内设计师需考虑不同材料的表面结构（如织物、石材、木材、玻璃、金属等表面和涂料涂刷的墙面）所产生的阴影和反射效果。许多材料在不同光照（不论是自然采光还是人工照明）下会有不一样的反应。因此，在使用这些纹理时，还要结合照明来选材。

将两种对比鲜明的纹理并列摆放，可发挥最大功效。例如，光滑纹理对粗糙纹理，亮光表面对亚光表面，半透明材料对不透明材料。颜色、材料和纹理的相互作用，以及它们在光照下的不同效果，都有助于塑造室内环境的质感。

拓展阅读

《令人回味的风格》（*Evocative Style*），作者凯莉·威斯特勒（Kelly Wearstler），Rizzoli 出版社出版，2019 年。

⬇ SUGO 公司推出的不同纹理的材料：磨砂玻璃，再生棉和软木地毯，以及混凝土板材。
（地毯设计师：凯利·哈里斯·史密斯）

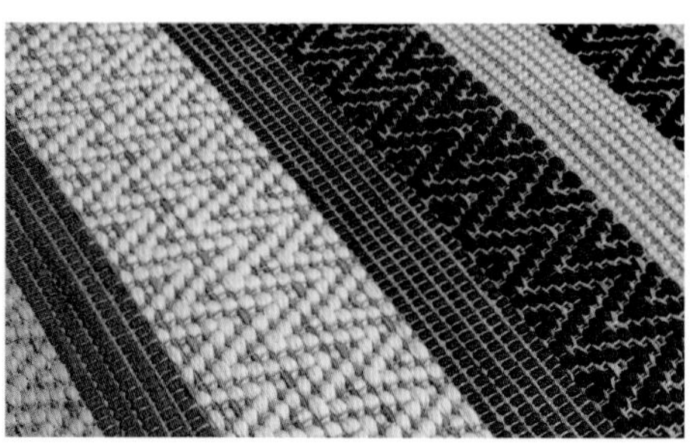

➡ 美国波士顿某住宅融入了多种大地色系的视觉和触觉纹理。
（设计师：杰西卡·克莱因）

⬇ “梅赛德斯－奔驰”（Mercedes-Benz）澳大利亚时装周的布景融入了无数中性色系的视觉和触觉纹理。

93 色调 Tone

○ **空间的特色或质感。**

设计师用色调来营造空间氛围，空间氛围同时还与配色方案有关。色调有助于形成项目特色，影响空间使用者的心理。在色彩理论中，色调是指浅色（白色）混合深色（黑色）后形成的颜色，它反映的是色彩的明度或亮度。

设计师可以借色调来调整空间比例，其效果因强度而异。色调越深，吸收的光就越多，使颜色所在面看起来距离更近，房间看起来更重；色调越浅，反射的光就越多，使颜色所在面看起来距离更远，房间看起来更加轻盈、宽敞。

设计师通常使用以下色调组合来营造空间氛围：

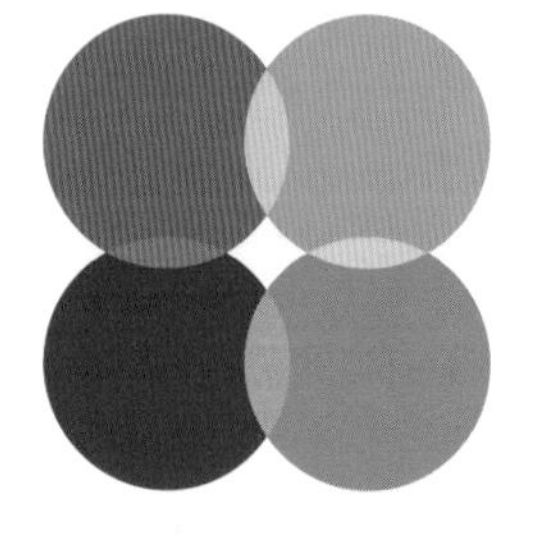

暖色调

橙色、黄色和红色。

冷色调

蓝色、绿色和紫色。

大地色

橙色、红色、绿色和棕色。

宝石色

粉蜡色、浅蓝色和蓝绿色。

⬆ 美国马萨诸塞州剑桥市的一家科技公司的会议室，选材时利用不同色调来区分室内效果。（设计方：Merge 建筑事务所）

⬅ 意大利画家乔治 · 莫兰迪（Giorgio Morandi）创作的《静物》（1943 年）。莫兰迪擅长使用细腻色调来描绘简单主题、对象。

⬇ 我们对色彩深浅的感知受其所处背景的影响。下图中两个一模一样的灰色圆形各占图片一半，处于不同的背景色下，具有一定的迷惑性。由于背景色调不同，一个圆看起来颜色更深，另一个则颜色更浅。

94 透明 Transparency

○ **经过物体的光线质量和数量。**

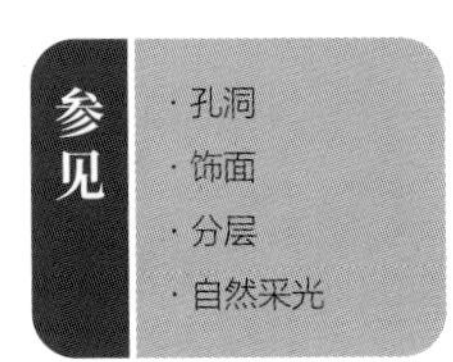

介于透明和半透明之间的光谱为设计师提供了发挥的余地。基于它们在室内设计中的角色和功能，透明元素不必具有可视性或可操作性，但仍具有功能用途。室内窗户、隔板和镜子可以巧妙地将视线引到其他空间，在需要隐私的时候模糊视线（但仍允许光线和视线进入），通过光线反射来扩大视觉空间。半透明表面也能产生景深错觉，可以通过表面效应、背景照明或底面涂漆打造理想效果。

半透明：光线被传播和扩散，使远处物体不能清晰可见。

不透明：物体不透光的性质或状态。

透明表面

表面类型	材料类型
硬表面	玻璃、丙烯酸、塑料、纤维玻璃
软表面	棉麻、纱、织物

透明　　半透明　　不透明

⬇ Skyline Design 家具公司的玻璃屏风，使会议区具有较好的隐私性。
（设计师：罗南·布鲁莱克、埃尔文·布鲁莱克兄弟）

⬆ 建筑师安藤忠雄设计的广东顺德和美术馆，外立面格栅既能划分空间，又能保持室内与室外的视线连通。

➡ 半透明屏风既能分隔办公空间，又不妨碍光线进入。

95 类型学 Typology

○ **对不同类型的设计进行分类和描述的分类系统。**

参见
- 功能
- 混合
- 策划
- 地域性

如今的室内设计行业蓬勃发展，俨然成为一门包罗万象的学科。室内设计师能跨越多个市场，服务于多个公司。个人从业者可能出于专业和其他需要，要奔走于形形色色的工作室——从大公司到小作坊，无所不及。

室内设计师最终决定深耕于哪一领域，取决于其经验。每个室内设计细分行业都有类似的技术要求和策划过程，年轻设计师大可以尝试不同类型的工作环境。此外，近年来，不同领域之间的界限不再那么泾渭分明。例如，商业办公楼的设计越来越多地借鉴住宅（比如客厅），居家办公的需求也以一种前所未有的方式将办公空间的一些设计带到了家里。

下面概述了室内设计实践中的几种空间类型，每种类型都有自己的收费结构和专业要求，但都有一个共同目标，即专注于使用者的健康和福祉，设计无障碍、便利化的空间环境。

商业空间

办公室、共享办公空间、大堂和公共工作环境。

住宅

单户和多户单元。

餐饮空间

酒店、休息室和餐厅。

零售和娱乐空间

零售空间（强调商品展示和销售）、电影院、保龄球馆。

教育空间

从幼儿园到中小学教育机构、高等教育机构。

医疗空间

医院和诊所，需要较高的专业水平。

⬅ 杭州奇客巴士支付宝旗舰店是一家高科技产品零售概念店，展示了未来可能投产的产品线，随产品推陈出新而不断发展。
（设计方：零壹城市建筑事务所）

➡ 位于西班牙巴塞罗那的圣家族大教堂是一座尚未完工的教堂，由建筑师安东尼·高迪（Antoni Gaudí）设计。高迪挑战传统宗教建筑设计，融入了精心雕琢的细部和丰富多彩的宏大空间。

96 统一 Unity

○ **将项目各部分组合成一个整体。**

参见
· 均衡
· 强调
· 和谐
· 比例

“统一”是指将设计中的所有元素以一种有凝聚力的方式结合在一起。虽然常与“和谐”（意指融洽或一致）相提并论，但统一是一个独立概念，是室内设计的一项基本原则。室内设计的目标之一是将项目中的各个元素以一种连贯一致的方式组合起来，换句话说，力求达到统一感。

在室内设计中，存在着两种统一。

视觉统一： 通过对比、对齐和重复手法创造统一。例如，将室内物品对齐摆放，或者使用一致的配色方案。

概念统一： 使用特定想法或主题统一设计。例如，围绕轻盈或自然的概念塑造项目。

虽然统一很重要，但若能在统一的布局中穿插变化，便可以激活略显沉闷的视觉和空间体验。不论是独特的形状或形式、对比鲜明的颜色，还是不同的图案或纹理，都可以带来灵动的效果。以一种赏心悦目的方式统一家具、灯具、墙饰和配件，更能促进项目成功。统一能带来秩序感，进而促进项目在视觉和概念上自成一体。设计师可以在关键时刻稍缓一步，向同事或其他设计师咨询，从而评估设计效果。

⬇ 柔和的色调、重复的墙饰图案、围绕中央吊灯对称摆放的家具和金色元素，让这一新古典主义酒店的休息室显得格外和谐统一。

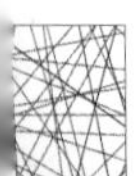

⬆ 由丹麦邮政局改造的哥本哈根别墅餐厅，室内装饰选用浅色主调，洋溢着愉悦、宁静的气息。丰富的大地色系和重复的家具元素，融合成一个光线明亮、通风良好的空间。

➡ 位于美国马萨诸塞州布鲁克林市的起居室，房内随处可见的黄铜元素（如房间正中的灯具、带框镜子），还有摆放有序的抽屉柜和装饰物品，共同打造出一个统一的起居环境。

（设计方：Cecilia Casagrande设计公司）

97 普适性设计

○ **适用于各种能力和情况的设计。**

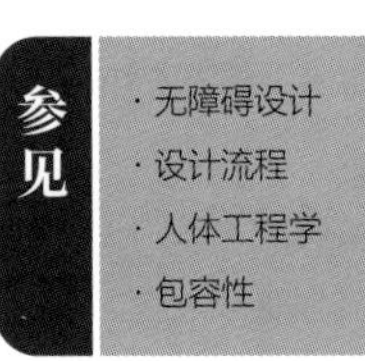

参见
· 无障碍设计
· 设计流程
· 人体工程学
· 包容性

在建筑环境中，“普适性设计”是指良好的设计应该适用于所有人，无论其是否残疾。普适性设计的概念最早是由罗纳德·梅斯（Ronald Mace）提出的。梅斯在10岁时患上小儿麻痹症，导致双下肢瘫痪，不得不在轮椅上度过余生。后来，他在北卡罗来纳州学习建筑。在校期间，他在通行问题上遇到了很多障碍。这段经历使他萌生了普适性设计的想法，即通过特别设计，让残疾人无需借助定制、改装或专用设备也能通行自如。此概念建立在“消除对残疾人的歧视、边缘化和社会脱离”的基础上。这一原则通常也被称为“通用设计”“包容性设计”或“无障碍设计”。

以消除通行障碍为目的的设计方案倾向于设计通行方便的开阔空间，选择容易接近、靠近地面和不费体力的家具和装置。

以下是普适性设计的主要特征：

温馨提示

2005年，英国标准协会（编者注：集标准研发、标准技术信息提供、产品测试、体系认证和商检服务五种互补性业务于一体的国际标准服务提供商，面向全球提供服务）将包容性设计定义为“一种对主流产品或服务的设计，可供尽可能多的人群方便使用……无需特别的适应或特殊的设计”。普适性设计同样也强调功能简单、设计灵活和使用平等。

灵活

确保设计中的所有元素操作简便，适用于不同能力的广泛人群。

直观

选择功能清晰、精确且符合预期的家具和设备。

信息

在各个部位用易于理解的格式、标题和高对比度的字体，以及盲文提供文本信息。

科技

使用高科技通行辅助设备，如自动门、传感控制自适应照明装置或者不用费力的触摸控制装置。

触感

更换人行道和重要过渡地段的表面材料，确保表面防滑。

sign

⬆ 美国伊利诺斯州芝加哥的奥黑尔国际机场，在航站楼 B 区和 C 区之间的地下通道安装有行人移动系统，为各类人群提供通行便利。
（设计师：赫尔穆特·贾恩）

⬅ 德国波恩 Aktion Mensch 总部办公室，利用降噪元素、明亮色彩和柔软表面，为所有使用者指明了清晰的路线。
（设计方：Ippolito Fleitz 设计事务所）

98 体量 Volume

○ **由面围合而成的空间。**

“体量”是指由4个墙面、1个顶面和1个地面围合而成的空间。当我们提到体量时，首先想到的是立方体，多个彼此联通的立方体聚合起来就成了室内环境。

体量由平面界定，可以只强调一面，也可以协调全部平面。设计师可以利用这些表面属性来增强设计意图。了解体量的固有属性非常重要，因为房间比例会在许多方面影响着我们的感官体验。

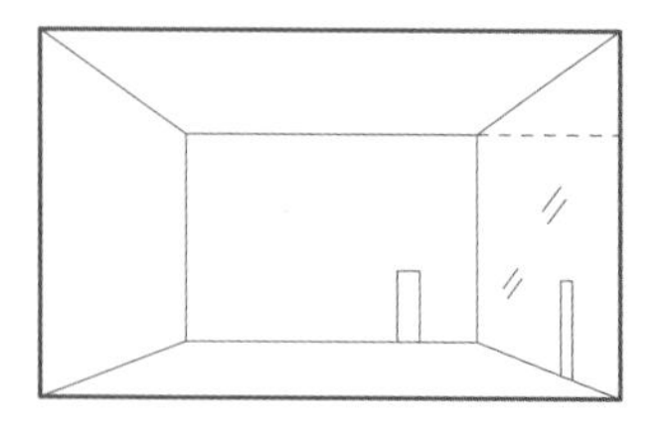

低体量

低体量表明家具和物品要摆放得更加紧密。通向高体量的较低空间能明显感受到高度变化。

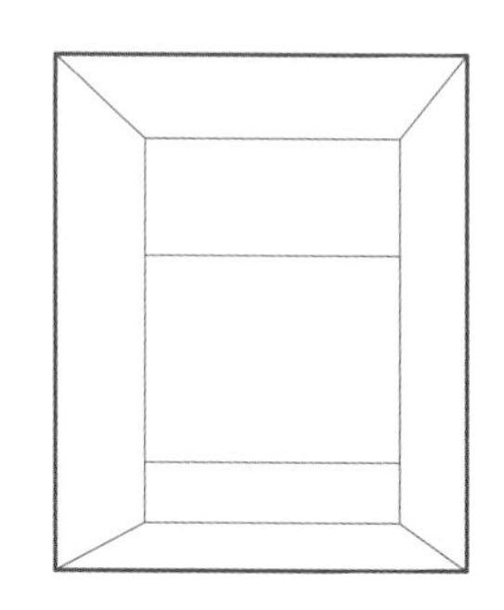

双层或多层体量

双层体量或高空间通常存在于公共建筑、零售空间和机构建筑，住宅项目有时也会使用这种空间体量。

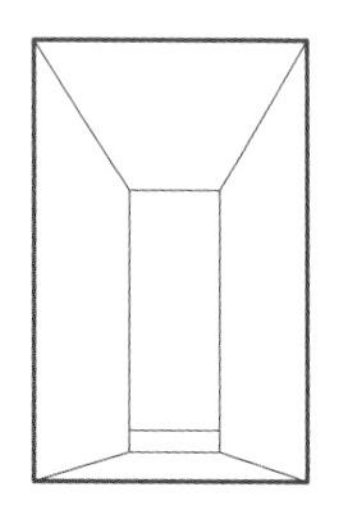

窄体量

过渡空间、走廊、厨房、图书馆书库和楼梯井都属于窄体量。此类空间通常包含功能元素，并与其他空间相连，可归为次要空间。

⬅⬇ 位于加拿大萨斯喀彻温省萨斯卡通市的莱米现代艺术馆，其建筑体量既是外部布局策略，又是内部通行手段。
（设计方：KPMB 建筑事务所）

99 导向 Wayfinding

○ **运用视觉信息系统引导人们找到方向。**

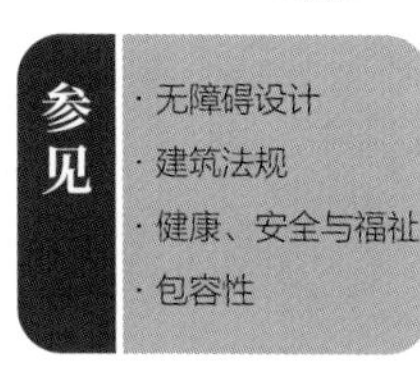

参见
·无障碍设计
·建筑法规
·健康、安全与福祉
·包容性

“导向”的概念最初是由城市规划专家凯文·林奇（Kevin Lynch）提出的。他在其所著的《城市意象》（*The Image of the City*）一书中概述了能使人在城市中准确找到出路的五大要素，即道路、界限、区域、节点和标志。身处博物馆、办公楼、教学楼、医院、交通设施等复杂空间中的人们，需要借助视觉导向系统来寻找目的地。

导向系统以地图、符号、标志、大图和地址目录为基础。根据访谈数据、用户场景和实物模型，确定一系列的标志和定点元素。如今研发人员越来越多地使用非文本、触摸式元素来解决通行问题。

导向系统可以巧妙地融入空间，成为室内设计的一部分。除了指示空间用途、居住容量和疏散通道等必要信息以外，导向系统还可以帮助设计师决定选择哪种饰面和颜色。

拓展阅读

《寻路：人类导航史》（*Wayfinding: The Science and Mystery of How Humans Navigate the World*），作者奥康纳（M. R. O’ Connor），圣马丁出版社出版，2019 年。

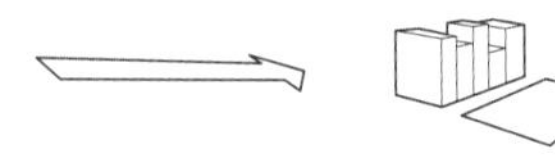
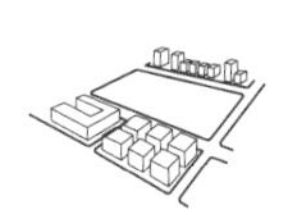
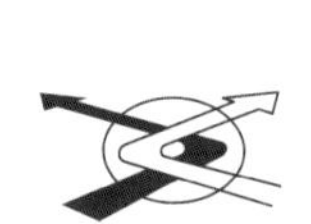

⬅ 虽然凯文·林奇是在论述室外环境时提到的导向五要素，但这一想法也适用于室内空间。

➡ 加拿大卡尔加里市新中央图书馆，运用 Entro 标记系统指示空间路径。
（设计方：Snøhetta 建筑事务所）

⬅⬇ 博物馆通常使用立式导向牌，有的色彩鲜亮，比如路易斯安那州儿童博物馆（位于美国新奥尔良市）；有的色彩柔和，比如麻省理工学院城市研究与规划系（位于美国马萨诸塞州剑桥市）。（上图设计方：马修斯工作室；下图设计方：OverUnder 建筑事务所）

100 分区 Zones

○ **按功能划分的空间区域。**

参见
· 流通
· 连接
· 策划
· 空间

空间区域划分是项目策划阶段的一部分内容，它有助于确定主要设计区域、规划空间功能、指示邻接关系，继而再确定各空间的隐私程度、环境质量和技术要求。

分区设置也受到地区位置、太阳朝向、邻接要求和运动路径的影响。通过细致的分区研究，可以看出封闭空间和开放空间的位置和范围。借助功能重叠可以扩大空间范围，例如在开放办公室里设置一个多功能区。

在住宅项目中，分区由活动水平和互动程度决定，通常围绕社会需求、私人空间需求、工作需求和收纳需求来构建。此外，还应预留流通空间。

在商业项目中，空间规划可作为分区的有效补充。可借空间规划来审视客户需求，查看预算是否满足人力资源以及家具、固件和设备的需求。

⬇ Knoll 公司所做的“沉浸式规划”研究（2016 年），它通过办公平面图展示了工作空间内各活动区的交叉重叠情况。

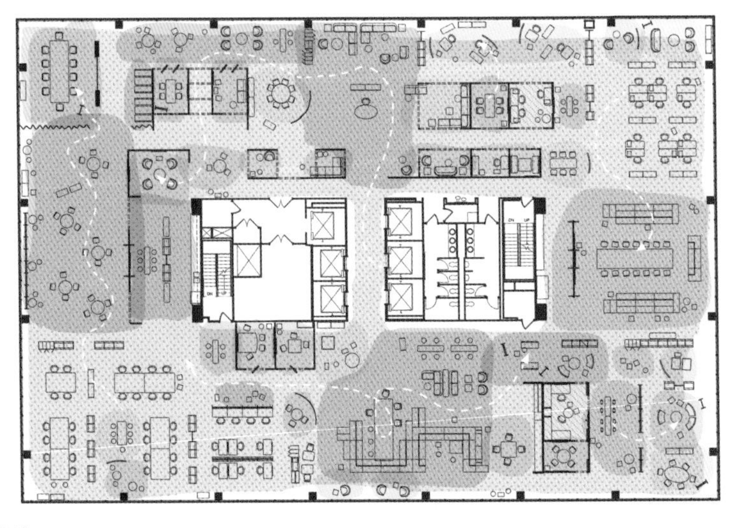

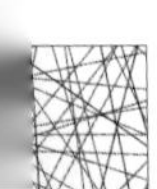

⬆ 此住宅空间使用 Established & Sons 家具公司的 Grid 家具来巧妙划分功能区。
（设计者：罗南·布鲁莱克和埃尔文·布鲁莱克兄弟）

➡ 日本京都 Ace 酒店的酒店大堂，通过丰富的纹理、家具和光线来区分不同功能区域。
（建筑设计方：隈研吾建筑都市设计事务所；
室内设计方：Commune 设计工作室）

致谢

在写这本书的时候，我们一边忙着照顾家中的两个孩子，一边努力维持着建筑、设计和家具这三项业务，可以说生活和工作盘根错节。

通过对本书的撰写、研究和查证，我们试图尽可能全面地展示室内设计的世界，重新定义我们在学校学过的和过去写过的相关学科历史和实际案例。但因时间所限，仓促成书，我们会虚心接受对本书不足之处的所有意见和建议。希望我们未来能有更多的时间、精力和参考资源做进一步研究，也希望我们目前的工作能带给大家一些新的思考。

由衷感谢多萝西・迪克（Dorothy Deak）、梅根・多布斯塔夫（Megan Dobstaff）、布莱恩・格雷厄姆（Brian Graham）、罗伊斯・爱普斯坦（Royce Epstein）、彼得・格莱姆雷（Peter Grimley）、杰西卡・克莱恩（Jessica Klein）、莎拉・库彻（Sarah Kuchar）、弗吉尼亚・舒伯特（Virginia Schubert）和萨沙・瓦格纳（Sascha Wagner），是他们在我们构思文章、寻找原则的时候，献计献策，不吝赐教。

感谢为此书贡献智慧和力量的众人，包括：乔西・瑟伯恩（Josie Cerbone），是她承担起整理图片的艰巨任务，坚持不懈地整理排版；玛格丽特・罗比（Margaret Robe），是她承担了早期研究工作；还有罗克波特 / 夸尔托（Rockport/Quarto）团队的乔伊・阿奎利诺（Joy Aquilino）、大卫・马丁内尔（David Martinell）和约翰・金斯（John Gettings）。感谢校对员玛莎・韦瑟里尔（Martha Wetherill）的付出，是她对我们的语言进行了修改。

感谢无数的设计师、建筑师和摄影师愿意分享你们的作品。是你们的努力和才学丰富了我们的认知，使我们对这个千变万化的职业有了新的感悟。

最后要感谢一位幕后者，如果没有他 60 年前在英国苏格兰格拉斯哥所做的一个决定，就没有今天的这本书。这位先生早先在格拉斯哥学习广告牌绘制，后来去了英国苏格兰斯特拉斯克莱德大学建筑学院研习，成为一名室内设计师。他在年轻时离开英国追逐梦想，并在前途未知之时搬去加拿大，继续从事当时的新兴职业。他以非凡的胆识（在离开英国时，他的儿子才 6 个月大）创办了自己的独立设计工作室，证明自己从事的是一个前途光明、正规合法的职业。他的儿子跟随他去办公室和工作场所，并在学校获得同一学科的学位。谨把此书献给彼得・格莱姆雷（Peter Grimley）——室内设计师、加拿大安大略省装饰设计协会（ARIDO）名誉主席、苏格兰足球俱乐部凯尔特人队支持者、我的父亲。